浙江省普通高校"十三五"新形态教材

园林景观设计与环境心理学

主　编　戴庆敏　吕耀平　江俊浩

副主编　许丽娟　徐传保　战杜鹃　钟雨薇

U0211140

ZHEJIANG UNIVERSITY PRESS
浙江大学出版社
·杭州·

图书在版编目（CIP）数据

园林景观设计与环境心理学 / 戴庆敏，吕耀平，江俊浩主编 . -- 杭州：浙江大学出版社，2024.8

ISBN 978-7-308-24016-1

Ⅰ . ①园… Ⅱ . ①戴… ②吕… ③江… Ⅲ . ①园林设计—景观设计—高等学校—教材②环境心理学—高等学校—教材 Ⅳ . ① TU986.2 ② B845.6

中国国家版本馆 CIP 数据核字 (2023) 第 128620 号

园林景观设计与环境心理学

YUANLIN JINGGUAN SHEJI YU HUANJING XINLIXUE

主　编　戴庆敏　吕耀平　江俊浩
副主编　许丽娟　徐传保　战杜鹃　钟雨薇

责任编辑	王元新
责任校对	阮海潮
封面设计	春天书装
出版发行	浙江大学出版社
	（杭州市天目山路 148 号　邮政编码 310007）
	（网址：http://www.zjupress.com）
排　　版	杭州朝曦图文设计有限公司
印　　刷	广东虎彩云印刷有限公司绍兴分公司
开　　本	787mm × 1092mm　1/16
印　　张	9.25
字　　数	181 千
版 印 次	2024 年 8 月第 1 版　2024 年 8 月第 1 次印刷
书　　号	ISBN 978-7-308-24016-1
定　　价	33.00 元

浙江大学出版社市场运营中心联系方式：0571-88925591；http://zjdxcbs. tmall. com

<<< **前　言**

　　环境心理学，即对人—环境—行为三者之间相互作用、相互联系展开研究的学科。园林、风景园林专业主要是对环境进行设计，以给使用者带来良好的环境体验，而这更加需要对人、环境、行为的关系进行系统深入的研究。本教材是为园林、风景园林专业量身定做的，旨在以环境心理学的视角从"人"的基本需要出发，将人类的行为（包括经验、行动）与相应的环境（包括物质的、社会的和文化的）之间的相互关系与相互作用结合起来加以分析，以便更好地为景观规划乃至良好景观环境的创造提供理论研究依据。此外，本教材还借助环境心理学知识开展了景观环境营造的实践应用研究，旨在为园林、风景园林的从业者建立一种"以人为本"的设计理念。

　　本教材为浙江省一流课程、浙江省精品在线开放建设课程"环境心理学"的配套教材，获得浙江省普通高校"十三五"新形态教材的立项支持。本教材由基础知识篇和专题研究篇构成，基础知识篇与线上课程资源有机融合，专题研究篇主要收集了典型的园林设计案例，提升了教材的实用性。

　　本教材可作为高等院校园林、风景园林相关专业的教材，也可作为相关设计行业从业人员工作与培训的参考用书。

<<< 目 录

第一篇　基础知识篇

第二篇　专题研究篇

第一篇

基础知识篇

<<< 第一章　环境心理学概述

第一节　环境心理学的发展简史

在人类历史发展过程中，人们一直在探索自身与周围环境的关系，维持和改善自己的生存条件。两千年前，柏拉图说过："世界上最困难的任务就是了解人类自己。"第二次世界大战期间，英国首相丘吉尔说过："人类塑造了环境，环境反过来塑造了人类。"

早在远古时代，人们就开始关注建筑环境与人的行为和心理之间的关系，比如希腊的帕特农神庙就完美运用了一些校正视错觉的措施（见图1-1），使建筑的形象稳定、平直、丰满，令人叹为观止。

图1-1　希腊的帕特农神庙

一、环境心理学在国内外的发展概况

20世纪五六十年代，西方国家在大力发展经济的同时，城市的环境却遭到了严重破坏，这对市民的身心健康和交往模式都产生了许多消极的影响；同时，很多新建的建筑没有很好地考虑使用者的心理和行为需求，导致其在使用了不长时间之后被废弃，这也引发了市民的抗议活动。为了改变这种情况，许多研究者开始关注城市环境、建筑环境、住区环境等空间环境与人的心理和行为之间的关系。来自心理学、社会学、人类学、地理学、建筑学、城市规划等学科的研究者将各自学科的内容相互融合最终形成了一门新兴交叉学科——环境心理学。

"环境心理学"这一名称是由美国心理学家普洛尚斯基和伊特尔森等首先提出来的。环境心理学于20世纪60年代在北美地区开始流行，之后在世界其他较发达地区尤其欧洲也得到了快速的发展。在亚洲，日本的相关研究开始得相对较早，我国则相对较晚。我国20世纪80年代初才从国外引入相关理论，开始在建筑学领域进行相关研究。

进入20世纪八九十年代，随着现代交通工具、通信手段尤其是网络技术的发展，人们的工作、学习、生活、情感交流等需求及其实现不再受居住区和行政地域的限制。在这种情况下，居民社会交往的形式与之前相比发生了较大的变化，邻里关系慢慢弱化，个人与住区外其他人的联系则日益增多。住区内邻里之间的交往变得不再亲密，关系日渐疏远。随着环境心理学理论在国内的发展，部分国内学者试图改善这一状况，开始更加注重人的心理和行为需求，试图运用环境心理学的知识改善城市居住区的环境质量和交往模式。

现代心理学的理论先导是知觉理论，该理论由布鲁斯威克提出。他认为，人们在很大程度上是依赖过去的经验来理解环境的感觉信息，知觉在人们构建环境时起着积极的作用。社会心理学家勒温认为，决定个体在生活空间运动的关键因素是个体内部对环境的表征，这种表征最终取决于个体对物理环境的知觉。总之，人类行为是人与物理环境相互作用的结果。随后，在1947年，勒温的学生巴克和赖特创建了中西心理学田野研究站，主要用来研究客观物质环境对人的行为的影响。在研究中逐渐产生了生态心理学这一新的理论，该理论强调的是物理环境对人的行为的影响和作用。这些观点是形成现代环境心理学理论的基础。在20世纪60年代，霍尔从人类文化学的角度研究个体使用空间；城市规划师林奇对环境认知和城市表象进行了深入研究，并出版了《城市意象》。这些理论研究为环境心理学的进一步发展奠定了基础。

从20世纪60年代末期到70年代，美国出现了一系列棘手的社会问题，如人权问题、环境问题等，而心理学家仍依赖一贯的实验室研究法进行研究。然而，这些复杂的社会问题，在实验室内是不存在的，自然也提不出解决方法。社会的变化要求心理学家重新考虑自己的研究方法是否能适应社会的变化并解决社会问题。这一时期，环境心理学的研究开始朝着新的方向发展。

1961年和1966年，美国犹他州立大学设立了"建筑心理学"课程，并组织了相关的专业研讨会。1968年，第一个环境心理学博士点在纽约大学设立。1969年，《环境和行为》杂志创刊，这在环境心理学发展史上具有重要意义，是环境心理学兴起的标志。1970年，佛塞特出版了《人口心理学》，说明环境心理学在解决人口问题和人口计划方面也能发挥作用。1973年，环境心理学奠基人之一——柯雷克在《心理学年鉴》中发表了以"环境心理学"为标题的研究综述，表明人们已经认同环境心理学是心理学研究的一个分支领域。1978年，环境心理学的另一位代表人物斯托克斯在《心理学年鉴》中也发表了一篇关于"环境心理学"的研究综述。从这篇综述开始，环境心理学作为心理学分支的正式地位被确立。斯托克斯与其他心理学家共同编写的《环境心理学手册》在1987年出版，这本手册是环境心理学发展中的一个里程碑，表明环境心理学已经是一门相对成熟的学科。在这本融合了众多心理学家心血的巨著中，相关的研究被分成5

个部分,形成了完整的环境心理学理论体系。

在环境心理学的发展历程中,早期研究的重点是环境因素对人的心理和行为的影响,后来又转变为研究周围物质环境对人的工作和生活质量的影响。环境心理学家在城区规划和居住环境方面进行了深入而有效的研究,研究成果为西方国家20世纪90年代的居住环境和公共基础设施的设计提供指导,如学校、公共活动场所、医院、司法机构及军事单位等。在研究过程中,形成了一些特有的环境心理学理论和模型,如"唤醒理论""环境负荷理论""应激与适应理论""私密性调节理论""行为情境理论"等。每一个理论也衍生出了一些新的环境心理学观点和概念,比如位置认同、位置依赖、环境象征主义以及防御性空间等。这些随之出现的新的概念,不仅完善了环境心理学的理论建构,也对整个心理学的理论发展起着促进作用。

从20世纪90年代起,尤其是最近十几年间,环境心理学的研究重点由环境对个体行为与心理的影响,转变成了环境的各个因素对个体、群体和社会层面的影响,重点关注受环境因素影响的人类生存问题和生活质量问题。面对环境问题对人类生存的威胁,环境心理学家关注自然环境和全球生态系统对人类生活的影响,因而环境心理学发展出了一个新趋势——生态心理学,这不仅加强了环境心理学在解决社会问题上的实用性,而且有利于帮助政府制定公共策略、解决公共环境事务。很多环境心理学的研究成果和理论观点都在城区发展计划和规划中发挥作用了。进入21世纪以来,国际战争、暴力事件、核污染、自然灾害的频繁发生,全球生态系统的破坏带来的环境问题,高速发展的信息技术对人们生活、工作和学习的影响,以及社会和自然可持续发展等,都可能成为促进环境心理学发展的重要因子。

环境心理学在我国的起步较晚。随着国内外文化交流的日益频繁,环境心理学的理念才开始慢慢引入我国。20世纪70年代初,有学者开始编译环境心理学方面的著作,80年代初探讨环境心理学的文章开始在报纸杂志中出现,但一直到90年代,关于环境心理学研究的专业书籍仍寥寥无几。不过,也是从这段时间开始,环境心理学相关的论题在各个高校中活跃起来,一些拥有景观设计类专业的院校通过邀请国外知名环境心理学专家来演讲,以及召开学术研讨会、创办专业杂志的形式,促进环境心理学在国内的发展。

当前,国内环境心理学的发展正处于从引入阶段、学习阶段向发展阶段的过渡期。环境心理学于20世纪80年代由西方传入国内,但相关研究直到1993年才逐渐开展。以时间和标志性事件为参照可窥见国内环境心理学的发展历程。

(1)学术会议召开与学术团体成立。国内环境心理学最早源于建筑学领域。1993年7月在吉林召开了"全国建筑与环境心理学学术研讨会"。1995年正式成立"中国建筑环境心理学学会",后于2000年改名为"中国环境行为学会",此后每两年举办一次学术研讨会。随后，2004 年第 28 届国际心理学大会在开幕之前，举办了发展中国家环境心理学青年研究者培训。国内环境心理学正式的学术会议则是在 2010 年 10 月和 2013 年 10 月于北京林业大学召开的第一届和第二届全国生态与环境心理学大会，会议的议题包括生态心理学的研究进展和前沿研究课题，以及环境认知与心理健康、风险认知研究、环境保护问题等心理学研究和生态心理治疗研究等。其后，国内学者也开始在亚洲社会心理学双年会和国际心理学大会上交流相关研究成果。2014 年 11 月在南京召开的中国社会心理学学术年会上成立了"生态与环境心理学专业委员会"，随后，在每一年中国社会心理学年会召开时都设专题论坛，主题由 2015 年、2016 年的"生态主义视角下心理学研究"到 2017 年的"环境心理学：从微观到宏观"等。

（2）教材与著作/译著出版。第一本心理学意义上的环境心理学著作由俞国良教授和杨治良教授于 1999 年合著出版。2000 年，俞国良出版了应用心理学书系的《环境心理学》；同年，林玉莲和胡正凡编著的建筑学和城市规划专业教材《环境心理学》出版。2009 年，朱建军和吴建平等翻译出版了国外经典环境心理学教材《环境心理学》。2011 年，吴建平与侯振虎出版了《环境与生态心理学》，内容涵盖生态疗法、环境认知、环境应激、噪声、拥挤、领域性、城市环境、环境保护行为等。2016 年，北京大学苏彦捷教授编著的《环境心理学》出版，该书涵盖了当时国际国内诸多热点研究议题，如空间与环境、环境与行为、污染与行为、气候与行为、灾害、环境问题及其解决方法等。环境心理学著作的出版和更新为国内环境心理学学科的构建提供了学理框架支撑，映射了目前中国环境心理学的发展景象。

二、环境心理学与其他学科之间的研究概况

环境心理学的研究与发展吸引着越来越多跨学科学者的关注。环境心理学本身是一门融合了不同学科的研究手段、研究思想及研究成果的学科，其综合性特征非常明显。

根据百度学术中以"环境心理学"为主题学科词进行的学科渗透分析可发现，环境心理学跨学科特色鲜明，涉及建筑学、心理学、社会学、教育学和艺术学等多学科领域，这些研究侧重从多学科角度考察问题，发挥了环境心理学在其渗透领域中的独特学科魅力（见图 1-2）。

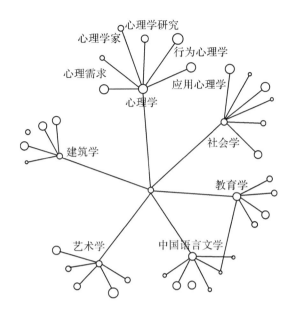

图1-2　环境心理学的学科渗透分析

第二节　什么是环境心理学

一、环境心理学相关概念

心理学是一门古老而又年轻的学问，是人类研究自身问题的钥匙。心理学源于西方的哲学，西方哲学起源于两千多年前的希腊。自苏格拉底、柏拉图、亚里士多德等人始，哲学家都把对"心"的探讨视为哲学的主要问题之一。

psychology是由希腊文中的psyche与logos两词演变而成，前者意指"灵魂"(soul)，后者意指"讲述"(discourse)，两者合并意指：心理学是阐释心灵的学问。直到19世纪70年代末，因受生物科学发展的影响，心理学遂脱离哲学，逐渐成为一门独立的学科。1879年，冯特在德国莱比锡大学创建了世界上第一个心理学实验室，心理学开始被列入科学的范畴。

心理学是介于自然科学和社会科学之间的科学（中间科学、边缘科学），属思维科学（包括逻辑学、语言学、心理学）。心理学是研究行为与心理历程的科学。

（一）环境（environment）

不同的学科对于环境有不同的定义。环境是相对某项中心事物而言的，也可以说是围绕某种物体，并对该物体的"行为"产生某些影响的外界事物；它是作用于一个生物体或生态群落上，并最终决定其形态和生存的物理、化学和生物等因素的综合体。我们可将环境区分为个体出生前的先环境（即合子环境）和出生后的后环境（即外环境）。外环境又分为物理环境和社会环境。物理环境按人类干预的程度大小，又可分为自然环境和人为环境。先（合子）环境主要指人为环境、物理环境和自然环境；后（外）环境主要指社会环境。

环境可以说是围绕着某种物体，并对这种物体的"行为"产生某些影响的外界事物。我们一般以人为考察对象，将人类以外的一切自然和社会的事物都看作环境因素。环境至少应包括时间和空间四维要素。

从环境心理学的角度出发，环境是引起心理反应的各种周围属性的综合，其类型可分为物理环境、社会环境和心理环境三大类，其概念始终是和行为联系在一起考虑的。

（二）行为（behavior）

人的行为，简单地说是指人们日常生活中的各种活动，或者指足以表明人们思想、品质、心理等内容的各种活动。行为分为外显行为和内隐行为（思维、情感、意志等）。

（三）心理（psychology）

心理是指人的内在符号活动梳理的过程和结果。心理现象是指生物对客观物质世界的主观反映。心理的表现形式，包括心理过程和心理特性。人的心理活动都有一个发生—发展—消失的过程。人们在活动的时候，通过各种感官认识外部世界的事物，通过头脑的活动思考着事物的因果关系，并伴随着喜、怒、哀、惧等情感体验。这折射着一系列心理现象的整个过程就是心理过程。心理过程按其性质可分为三个方面，即认识过程、情感过程和意志过程，简称知、情、意。简单地说，心理就是指人在心里是怎么想的，包括人的情绪和感觉。

（四）环境心理学基本知识和概念

（1）环境与行为的相互作用表现为：人通过身体器官感觉到外部环境的各种刺激；刺激转化为神经冲动，传递到大脑；大脑将感觉到的刺激与以前贮存的记忆表象进行比较和识别，即进行联想；在识别和理解的基础上，产生对环境的判断和认识，即形成"行为环境"；个人可将感知到的环境信息贮存备用，或就此作出行动反应。

（2）环境与人的感官体验是指人通过多种感官体验环境。其中，视觉是主要的，但也应当注意听觉、嗅觉、触觉、动觉以及温度和气流与人的环境体验的关系。环境设计中还应考虑不同感觉之间的相互影响。

（3）环境心理学的主要理论：格式塔知觉理论、生态知觉理论和概率知觉理论。它们各自强调不同的方面，对于环境—行为研究可以有所启发。

（4）环境认知和认知地图：人在物质环境中活动，必须为自身定位和寻址，并在行动之前理解环境所包含的意义。人识别和理解环境有赖于在记忆中重现空间环境的形象。曾经感知过的事物在记忆中重现的形象称为意象或表象，具体空间环境的意象被称为认知地图。认知地图是格式塔心理学的术语。美国城市规划专家凯文·林奇提出城市认知地图由5个基本要素组成，即路径、标志、节点、区域和边界。认知地图可以帮助人们理解自己和环境的关系，确定目标的空间方位和距离，寻找到达目标的路径，并可建立起个人对环境的安全感和控制感。认知地图还是人们接收新环境信息的基础。一个城市有着大多数人公认的重要元素，它们构成城市的公共意象，亦即公共的认知地图。清晰的城市公共认知地图，有助于市民的公共活动和社会交往。认知地图的研究方法不仅受到个人绘图能力和表达能力的局限，也受到样本来源的影响，但是简便易行，具有形象、直观的优点，还在一定程度上反映使用者对环境的记忆与评价，其有效性与可靠性已获得广泛认可，并得到推广应用。

（5）环境的易识别性：其主要特征表现为结构清晰、层次分明的环境意象，建筑群体的同一性，以及一定的环境意义。具备这三项特征的环境，必然也是优美的环境。

二、环境心理学的研究对象

环境心理学的研究涉及各种尺度的环境场所，比如室内空间、居住区、保健机构、工作场所、邻里、园林、区域等；各种特定的使用者群体，包括基本群体、聚合群体、依据生活方式或生命周期不同阶段而定的群体；各种层次的社会行为现象，比如从生理反应到文化现象。这三者又随着时间的推移呈现出一种动态发展机制，共同构成了环境心理研究的四个维度。

（一）环境场所

1.分类

（1）从使用性质划分，场所可分为生活场所（家）、工作场所、学习场所、集会场所、宗教场所、娱乐场所和休闲场所等。

（2）以尺度划分，场所可分为大尺度、中尺度、小尺度，又可称为宏观空间、中观空间和微观空间。

大尺度场所一般指区域，涉及专业为资源管理、城市规划、园林设计及相关的土木设计；中尺度场所主要指建筑物，涉及专业为建筑设计与相关的工程设计；小尺度场所主要指室内环境，包括室内平面、声光热环境、建筑材料对空气的污染、节能、安全等，涉及专业包括各种产品设计（从设备、器材到配件）、室内设计、图案设计、建筑细部设计等。有些研究仅涉及一个尺度；有些研究，如对使用者进行全面满意程度调查，或对反映的情况进行跟踪观察与测量，则需要跨尺度进行。

（二）环境场所与行为的关系

按生态心理学观点，环境提供了什么样的条件，其中常常就会发生什么样的行为。一个空间被看作一个场所，其中必有某些物质特征适合于某些行为，使人产生场所感，这种场所感便构成对人类行为的暗示。

自然界中有许多这类场所。密林提供了盗贼出没的场所；草原提供了射猎场所；高地提供了瞭望场所。园林环境中的场所是设计者利用其特征来满足人类行为需要、组织人类活动的手段。一个不大不小的山洞则可为人类提供栖身场所，例如位于云南省广南县南屏镇安王村的崇山峻岭之中的峰岩洞村（见图1-3）。全村60多户300余人，穴居于一个山洞里。洞内最宽处约125米，洞口至洞底最深处约100米，洞内面积大约7500平方米，相当于11亩左右。2001年，峰岩洞村作为世界上现存规模最大、连续居住时间最长、唯一穴居的村落而被载入吉尼斯世界纪录。其有"共用一片瓦，同进一道门，鸡鸣全村应，相处一家人"的特点，被誉为"天下第一奇村"。

图1-3　峰岩洞村面貌及生活场景

许多未经有意设计的空间有时被某些人当作某种场所使用。例如，沿街杂货店门前常被人当作相聚聊天的场所；路旁绿化带被用作晨练场所；住宅区人行道常被儿童当作游戏场所；大商场门前的台阶往往被顾客作为暂释重负的歇脚场所。只要对这些日常环境—心理—行为现象进行认真观察和思考，无论是对场所的研究还是设计都会让人获得有益的启发。

比如岐江公园是在广东中山市粤中造船厂旧址上改建而成的主题公园，引入了环境保护主义、生态恢复及城市更新的设计理念，是工业旧址保护和再利用的成功典范（见图1-4）。岐江公园合理地保留了原场地上最具代表性的植物、建筑物和生产工具，运用现代设计手法对它们进行了艺术处理，诠释了一片有故事的场地。其将船坞、骨骼水塔、铁轨、机器、龙门吊等原场地上的标志性物体串联起来记录了船厂曾经的辉煌和火红的记忆，形成一个完整的故事。

图1-4　广东中山市岐江公园

因此，考察场所的起源，在社会与技术迅速发展过程中场所的变迁，现有场所的使用和管理现状，以及使用者和管理者的满意程度，是从事场所研究和改进场所设计的有效途径。

（三）使用者群体

特定的政治、经济、文化背景中，不同使用者群体对环境的具体需要形成了许多专门的研究课题。民族、阶级、阶层、身份、地位、年龄、宗教、生活方式等都促使人以群分，并且影响着人们对各种环境的功能要求、审美意趣和意义联想。

例如，"看人也为人所看"在中青年群体中表现最为典型；老年人更多地主动"看人"并不重视和顾忌"为人所看"。学前儿童往往更主动地"为人所看"，甚至在客人或家长面前主动表现自己。

美国西北大学教授、人类学家霍尔早年曾是联合国工作人员，长期在许多国家工作，这使他能够考察若干行为习性的文化差异。其专著《隐藏的维度》《无声的语言》一直被列为环境心理学的主要参考文献，并被美国一些大学列为建筑学专业研究生的必读文献。霍尔注意到，他的一位德国助手无法在外部空间中拍摄过往行人。这位助手认为，按照德国的风俗，不应该在公共距离范围之内注视他人，因为这是一种侵扰行为。因此在德国的公共场所，未经允许进行拍摄，可能会导致拍摄者与被拍摄者之间的冲突。他从这类细微的行为习性着手，考察了不同文化的空间使用方式。德国建筑的门既隔声又坚固，无论公建还是私宅，通常都设有两道厚重的大门。与美国人崇尚"门户开放"不同，德国人认为，只有关上门才能维护封闭空间的完整性，为人们提供保护和安全。

因此，在德国人看来，美国建筑的门是美国人生活的写照：它们质次价高，缺少德国门的质感，关闭后隔声不好而且还不坚固，关门时连锁的咔嗒声也模糊难辨，似有若无。

霍尔也曾长期在中亚工作，他对阿拉伯人行为习惯的描述也同样令人感兴趣。阿拉伯人历史上长年过着游牧聚居生活,爱好人与人之间的相互来往,而不喜欢离群索居。他们不介意人群的拥挤,却对建筑的拥挤十分敏感。视野对阿拉伯人来说至关重要,因为视野的辽阔可以加强与周围和他人的联系。在贝鲁特,惩罚邻居的通常手段是在邻居的住宅前盖上一片布景式的房屋,称为惩罚屋。

对残疾人的研究,促使了无障碍设计的形成和发展。比如盲道设计非常细致,在过路口前通常布置一排意为"止步"的盲道铺砖,提醒盲人过路口要小心。另外,在人行横道前也布置止步铺砖。设置盲人交通指示设施,使环境景观的设计更具有公平性。盲道用的砖大致有两种类型(见图1-5)。

(a) 直条状凸起砖　　　　　　　　　(b) 点状凸起砖

图1-5　盲道用砖类型

(1) 直条状凸起砖,用于铺直道,直条突起指向盲道方向,也就是走的时候沿着直条突起走。每条高出地面5mm,整砖宽度宜为0.3~0.6m,可使盲杖和脚底产生感觉,便于指引视力残障者安全地向前直线行走。

(2) 点状凸起砖,用于铺在拐弯处,呈圆点形,每个圆点高出地面5mm,整砖宽度宜为0.3~0.6m,可使盲杖和脚底产生感觉,以告知视力残疾者前方路线的空间环境将出现变化。

随着年龄的增长,人们需要跨越不同的生命周期。在这个过程中,行为模式、依赖性和易受伤害的程度都会发生明显变化。儿童行为发展与环境的关系一直是这一领域关注的课题。随着城市环境恶化、人身体机能衰退和自理能力下降,人口老龄化成为一个不容忽视的社会问题。许多国家正在研究如何从物质环境与社会环境两方面着手解决这一问题,老年人住宅、老年人社区就是其中的研究课题。

研究使用者的目的在于了解不同使用者的心理特征和行为特征,尤其是那些对一般环境适应有困难的使用者群体,他们应该作为研究和设计实践中重点考虑的对象。

(四) 社会行为现象

广义的人类行为包括内在的动机到外显的反应。对这一系列行为的研究,必须更多地依靠现场研究，而不是实验室研究。

比如图1-6中出现的这条被人踩出来的道路，它的处理方法有两种：一种是按照传统的观点，可利用围墙、绿化、高差等处理方式对抄近路行为进行强行调整；另一种是充分考虑人的行为习性，按照人的活动规律进行路线的设计。

图1-6　被人踩出来的道路

场所、使用者群体和社会行为现象中任何一个维度都可以成为主要的研究对象，例如，从场所的类型及其演变研究物质环境的各种特性主要属于建筑学范畴；使用者群体基本属于人类学范畴；社会行为现象基本属于社会学范畴。但是在环境行为心理领域中，任何一个问题都需要进行跨维度研究。

三、环境心理学的特点

（1）把环境—行为关系作为一个整体加以研究。

（2）强调环境—行为关系是一种交互作用关系。

（3）几乎所有的研究课题都以实际问题为取向。

（4）具有浓厚的多学科性质（涵盖生理学、心理学、社会学、建筑学、城市规划、园林规划与设计、环境保护、人文地理学、文化人类学、生态学等多门学科）。

（5）以现场研究为主，采用来自多学科的、富有创新精神的多种研究方法。

第三节　环境心理学的主要理论

一、生态知觉理论

生态知觉理论是由吉布森（J. Gibson）首先提出来的，强调人的先天遗传及本能。生态知觉理论认为："知觉是一个有机的整体过程，知觉就是某一环境向感知者呈现自身功能特性的过程，当这一环境信息构成对个人的有效刺激时，必然会引起个人的探索、判断、选择等活动，而这些活动对于个人利用环境客体的有用功能（如安全、娱乐、引导等）非常重要。"吉布森认为，人类在进化过程中，为了更好地适应自然，知觉系统也在不断地进化发展，因此，机体的很多知觉反应能力是人类遗传进化的结果。

当今社会，发展的速度虽然很快，人们的许多思想和行为方式也已经发生了巨大的变化，但由于遗传的作用，人类自身依旧保留着一种趋利避害的本能，而这种本能往往决定着我们潜意识里对空间环境的喜好与厌恶。例如，人们一般都比较喜欢在绿树成荫、邻近水域的地方生活，这种喜好来自我们在漫长的进化中形成的对适宜人类生存的自然环境所保留的一种天生的亲和性。而大多数人不喜欢人迹罕至的荒野、气候恶劣的山川，这同样是由于在进化中人们对于不适宜人类生存的恶劣环境所产生的一种发自内心的排斥。

美国景观学家西蒙兹（John O. Simonds）认为："人类理想的居所应该满足庇护、防御、实用、宜人、私密、开阔以及能够欣赏自然美景的要求。"这也与生态知觉的基本观点相吻合。

二、概率知觉理论

概率知觉理论由布伦斯维克（Egon Brunswik）提出。这一理论非常注重在现实生活中通过实验得出结论。与生态知觉理论相比，这一理论更加注重人类后天学习和经验的积累。

概率知觉理论认为个人在知觉中起着极其重要的作用。人们在以往的日常学习生活中会从大量的场景中得到许多信息，但是，由于个人生活空间的局限性，我们不可能对所有的环境都有所认知，所以我们对任何给定环境的判断也不可能是绝对肯定的，仅仅是一种概率估计。

由概率知觉理论的基本观点可以认识到，人与人之间在对事物的认识水平上存在一定的认知差距，所以，在对空间进行设计时，要根据不同的使用者确定不同的设计理念、设计风格等，要充分认识到自己和用户需求之间存在的差异，不能以自己的主观判断作为设计的前提,要充分了解用户自身的内在需求。

在环境设计中,人们不仅可以比较明确地感觉到环境客体的外显功能,也可以发现该客体的其他潜在功能。因此,住区环境一旦形成,在其中发生的行为方式要比设计者开始考虑的多很多。所以在住区环境设计中,设计者不仅要考虑其实际需要达到的功能属性,也要尽可能多地考虑好设计客体的其他潜在功能,以防止在后期实际使用过程中造成不良的后果。例如,在某些小区室外环境设计中,设计者为了美化小区环境摆放了许多碗形的花盆,但是往往有少数居民不加珍惜,为了自己的方便而把装饰盆变成了装废弃物的垃圾盆;还有一些小区的水景设计,设计师原本为了居民的安全,设计了栏杆进行遮挡,但栏杆的造型却没有进行过多的考究,比如做成了方墩形,结果成为人们休息的"座椅",反而增加了危险性。

三、格式塔心理学理论

(一) 概念和基本观点

格式塔心理学 1912 年诞生于德国,在德语中,格式塔指图形或形式,英译为 configuration 或音译为 gestalt,中文译为"完形"或音译为"格式塔"。

格式塔作为心理学术语,包含以下两种含义:一指事务的一般属性,即形式;二指事务的个别属性,即分离的整体,形式仅为其属性之一。从辩证的角度来讲,就是事物整体与部分的关系问题,也就是说,一个整体可能由多个部分组成,部分与部分之间结合构成整体,而这里面的每一部分之所以会发挥其特性,是因为它们并不是单独存在的,而是存在于整体当中。格式塔心理学不是从独立的部分去观察事物,而是从整体上去研究视知觉问题。

(二) 格式塔心理学的主要理论

1.整体论

整体观是格式塔理论的中心和重点。正如韦特海默所认为的,格式塔理论的基本公式可表述为:事物的整体不是由它的部分的元素所组成的,而元素个体的过程本身却是由整体的本来拥有的本质来确定的。正如我们看到魔方的时候,第一反应是它是一个魔方,是我们平时玩的一种益智玩具,但我们不会去关注它是由 27 个小的立方体构成的。因此,当人们感知一个客观事物时,最先做出的反应是对整体的反应,而不是对构成整体的局部元素的反应,这就是人的知觉的完整性和组织性。当人在看到一个不完整的整体时,自己的知觉会将其认定为完整的,这都是格式塔心理学整体论的表现。

2.视觉力场

"场"这个词我们很熟悉,最开始是在物理学领域使用,后来在格式塔心理学中也开始运用"场"来研究整体和部分之间的联系。这正如我们对一个图形的整体认知。

其实在整个视觉认知过程中,是有一个"力"在作用于我们的。在《艺术与视知觉》这本书中,罗什引用了一幅幻觉图来说明力的存在(见图1-7)。通过这张图可以看到,其实这是两条长度相等的直线,但是由于在直线的两端加了两个朝向不同的箭头,就导致了我们看图像时会感觉到两根直线有着不一样的运动方向。上面的直线被两个向内的箭头挤压,有一种直线向中间运动的趋势,让我们产生了一种会慢慢变短的感受;而下面的直线由于箭头是向外的,给我们造成了一种有向

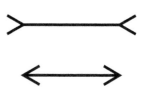

图1-7 图像中力的存在

外拉伸的力将它逐渐向两边拉伸的感觉。通过这两张图的对比可以发现就算是静止的图像也是有"力"存在的。

3.组织律

对于知觉的基本思想,格式塔心理学家是这样理解的:知觉是有组织结构的、有意义的整体,人只要看到一种事物,在大脑中就会自然而然地、直接地产生关于它的知觉结构,而无须对组成这种事物的各个部分一个个进行分析,然后在分析的基础上通过联想组合而成。而这种可以产生知觉的一系列原理就是我们所说的组织律。在日常生活中,人们在感知对象的时候喜欢对这一对象加以组织和秩序化,从而更加容易增强对这一对象的理解和适应。在格式塔心理学中,其组织原则主要有以下四个方面。

(1)图底关系原则,又被称为图形与背景。格式塔理论认为,人们在感知某一个图形时,都会以一种尽可能简单和易于理解的方式来认知图形。在一定的范围内,人们在感知客观对象时不一定会完全感知到图形的全部信息,而只能感知到其中的一部分,在这一对象中,有的信息凸显出来就形成了图形,有些信息则成为背景,这被称为图地之分。在这个范围内,哪个部分被人感知为图形,哪个部分被人感知为背景则具有相对性,这主要与观察者的视觉焦点相关,观察者的视觉焦点会形成图形,剩下的部分则成为背景。

其实在一个人的知觉范围内,人们对知觉对象的各部分的元素并不是都一样重视,一些元素有着比较独特显眼的特点,人们会比较容易辨认,整个元素会比较突出,是人们最先会感知到的对象;而相反,另外一些不太显眼的元素,人们通常就会将它们看作是背景。通常来讲,元素与背景之间的差别越大,就越容易被人知觉到;反过来,如果差别越小,就越会让人混淆。图底关系也是互补的,如果没有图,就不存在底,没有底,也就没有图,两者缺一就不存在图底关系了。比如位于阿联酋迪拜的被誉为世界第八大奇迹的人工岛朱美拉棕榈岛便是典型的图底关系的表达(见图1-8)。造型师运用棕榈叶的形状形成岛屿,与深蓝色的大海相辅相成,在视觉上,人们首先注意到的肯定是异形的黄色的岛,它的造型采用了棕榈叶的形状,很特别,而最外层是一圈圆弧形,虽

然我们的视觉是被黄色的岛所吸引的,但是如果没有蓝色的海作为背景,全是黄沙,那么这图就不存在了;如果没有这个黄色的岛,全是蓝色的海,那么这个底就不存在了。所以图底关系是相互的,同时也是我们的自我主张和主观意识。正如鲁宾的两可图,若以黑色为背景我们看到的是白色的

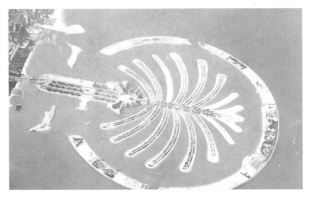

图1-8 朱美拉棕榈岛

花瓶,若以白色为背景,我们看到的是两个相对的人面(见图1-9)。

图1-9 两可图

图底关系在居住区环境设计中的意义在于,能够较好地把设计的主体体现出来,使居民在放松休闲的过程中较容易地发现所要观察的对象。例如,在居住区植物配置中,孤植的树往往成为视觉的焦点,形成易于被人感知的图形,而行道树则往往被作为街道的背景存在。

(2)群化原则。在对事物进行观察的时候,格式塔心理学认为人的知觉能够把类似的元素联系到一起,从而使它们形成一个有机的整体。这种把类似元素感知为统一整体的规律,称为群化原则。具体来讲,主要有封闭原则、相似原则、邻近原则和连续原则四类。如图1-10(a)所示,人们在感知左侧图形时,通常直接把它们看作方形和三角形;在图1-10(b)中,人们则习惯把黑点看作一个整体,方框看作另一个整体;而在图1-10(c)中,虽然都是黑点,但是人们一般并不把它们看作一个整体,而是分成了三个部分;在图1-10(d)中,人们习惯把规则排布的黑点看成一个部分,而方框被看作另

一个部分。其中包含了封闭原则，一个倾向于完成而未闭合的图形易被看作一个完整的图形；相似原则，是彼此相似的元素更容易被感知为一个整体，比如园林景观中片植的植被；邻近原则，比如在位置上相互邻近的元素会被感知为一个整体；连续原则，连续排列的同种元素会被感知为一个整体，比如连续铺装的汀步，我们会感知为一条连续的道路一样。

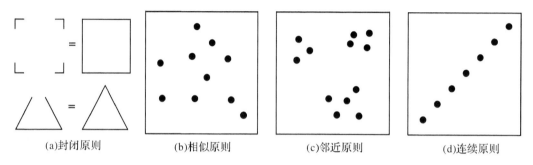

(a)封闭原则　　(b)相似原则　　(c)邻近原则　　(d)连续原则

图1-10　群化原则

（3）简化原则。格式塔心理学认为，人们在对图形进行感知时，为了更加有利于自身的理解和认识，通常比较喜欢对图形采取尽量减少或简化的原则，这被称为简化原则（见图1-11）。比如2条线的交叉，我们立刻感知到是由两条直线交叉的组织，很少有人认为它是一个组合，因为人们的视觉不喜欢复杂化的东西。

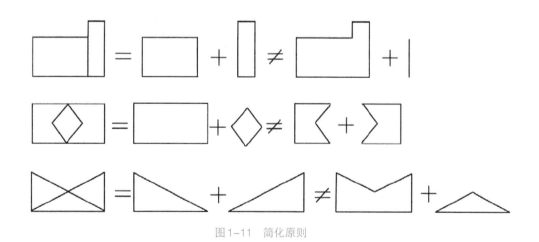

图1-11　简化原则

（4）异质同构或叫同型论，这一理论原则在平面广告设计中运用较多。图1-12是BUND地球之友环境污染创意广告，画面中，设计师为了宣传环保理论，将轮船用香蕉做了替换，而飞机的机身用菠萝进行替换。替换后，我们还是可以一眼看出这就是轮船与飞机，这样的画面很生动活泼，而且贴近生活。

图1-12　BUND地球之友环境污染创意广告

第四节　环境心理学的研究方法

心理学传统的研究方法是在实验室中进行研究,实验条件一般需要人为地进行控制。而环境心理学则着重于真实生活条件下的研究,采用的主要方法是调查和自然观察。调查即发放各种格式的问卷、谈话、摄影和绘图记录等,实验方法则作为对照与补充。这些调查具有连续性特征,经常长年累月,甚至夜以继日地进行,如研究医院病房平面与工作效率之间的关系。

(一) 实验法

实验法是有目的地严格控制或创设一定条件引起某种心理现象,以研究其心理发生、发展和变化规律的一种方法。

(二) 观察法

观察法是指在公开场合进行观察,将所见所闻客观地记录下来,是在日常生活条件下有目的、有计划地了解被试者的外部行为,以研究其心理发展和变化规律的一种方法。这种观察并不冒犯人的秘密性。观察法主要有自然观察和参与观察两种。

(1) 自然观察:在自然情境中对人的行为进行观察,其特点是对所观察的行为尽可能少地干预。

(2) 参与观察:观察者与被观察者之间存在互动关系,即观察者作为被观察者群体中的一员进行的观察。

观察法是一种最基本的方法,只需最简单的训练就可运用。观察必须注意五方面的问题,才能使观察的结果有实用价值,即行为、环境、时间、观察人员、观察记录。

(1) 行为:观察者必须事先明确所观察的行为单元。

为了确定某一环境的观察目标,当第一次进入一个环境时,观察者多半应先在此环境中各处转一转,在不经意中可能感觉到起初并没有设想到的其他方面的情况。

在观察前必须对环境有一个表面的熟悉。观察意味着运用观察者的各种感觉器官去体察一下环境的各个方面。通过这种非正规的对环境及其相应行为的取样，观察者能取得此环境如何影响人们行为的若干假定。

通过观察提出问题，再通过其他办法进行质疑，最后进一步通过观察加以证实，这就是所谓观察方法进行的"三明治"式的设计和运用。

例如，一个住宅区内老年居民占到10%，但仅仅有1%的老年居民在街上行走，这是为什么？可以通过访谈居民，分析造成这种现象的原因。他们说："一是在结冰的路上行走很困难；二是害怕有人拦劫。"之后通过一系列的暗中观察，证明居民讲的是实际情况。

（2）环境：在环境行为的研究中，环境如果发生某种变化，人们在行为上会不会也出现某种预期的变化，这是研究环境与行为相互作用至关重要的问题之一。这只能以环境变化为准，观察并记录人的行为变化，最后通过对比记录来说明人对环境变化所引起的自然反应。

（3）时间：任何观察都只能包含一个片段的时间，而不能覆盖一个环境的整个历史阶段。观察时间尺度在古典生态心理学研究中长达一年左右，但在一般的"时间—动作—人因"研究中只有几分钟。

在探讨"时间取样"时，在某一环境中自然发生的行为，它的时间框架是什么样的？这种行为是否每24小时重复一次，抑或每周发生一次？从时间取样的角度来说，许多环境在不同季节里表现出显著的差别。

一般认为20分钟的连续观察会使观察者十分疲劳，应把观察加以间隔，这样能增强观察者记录的准确度。因此，大多数的观察均采用时间段的方法，以使观察者能休息片刻。可将5分钟或10分钟为一个时间段。时间段的划分应当事先试验一下，以判断是否会失去一定数量的有意义的数据。

（4）观察人员。

①初次观察的人员：能将观察到的行为作如实的汇报；缺点是不能对行为做任何假设。对观察青年学生、老年人或残疾人的行为，可取得特殊的效果。

②作为参与者的观察人员：目的在于熟悉该文化下的整个社会的行为规范，而非观察个别人的行为。

长时间地进行这类观察，感受到的第一个问题是观察人员能否被当地人接受；第二个问题是观察人员能否习惯那里的生活；第三个问题是观察人员在进入和离开那里时，在情绪上可能引起的波动。首要的是被当地人接纳，避免暴露观察行为。

③隐藏起来的观察者：其常常是离开被观察者一段距离，在一座邻近的建筑中在一般人视线以上的位置上选择一个优越的观察点，在不让被观察者知晓的情况下进行

观察。

④职业观察者：其具有社会科学的知识、技能，知道收集到的信息要注上时间，行为要分类记录，这样才能变成有用的数据。其经验能节约时间，为限定的问题提出假设，使研究人员的分类测试得以更快进行。在参与一定数量的观察研究后，职业观察者懂得如何或在什么地点观察有关的关键性行为。

（5）观察记录。

①观察的分类：现场考察，提出问题，限定问题；通过事先测试进行分类；可靠的测试阶段；数据收集与分析。

②行为抽样记录：由小组每人轮流记录15~20分钟的行为及发生的时间段；口述，之后改写成文字；作为原始记录，需进一步编写成行为片段。

③行为地图：由研究人员将行为发生的实际地点标定在一个按比例尺绘制的平面图上，经常把一种行为用一种符号标注，并注明此行为发生的时间，并将行为在时间、空间上连接起来。多用于较小的环境尺度，可方便地由一个人去观察记录。

行为地图的目的，是在平面图上标出各种行为发生的位置及其发生频率，并说明其与设计的相关性，提出可能的问题并得出结论。

④通过痕迹来构想人们的行为。

针对磨损型痕迹，建议倡导游人文明游园，不踩绿地，不破坏环境；损坏的设施要及时修缮，及时更新，尽量使用可重复利用的材料，建造可持续发展的园林景观。

针对累积型痕迹，公园应进一步完善管理，例如，在山上以及人流较多的活动场地附近增加垃圾箱，增加清洁频次，使公园垃圾得到及时清理。并督促清洁员及时清理游人较少的活动空间的垃圾。

针对某些地方该有却没有的痕迹，如在游人停留时间比较长的空间，要完善配套设施，增加座椅、挂衣物的架子、遮阳棚、避雨设施等。

针对公园设计、管理型痕迹，在公园绿地中设计更多适于各年龄段活动的小空间，使不同需求的游人都能找到适合自己的活动场地，互不干扰；并通过分流游人，提高活动场地的利用率。

在观察中，可以将录像、照相、录音等作为辅助手段，以期得到更为客观而准确的数据。

（三）调查法

调查法是通过访谈、问卷等多种方式获取有关材料，从而了解被试者心理、情绪、行为等各种反应的一种方法。

（四）文献研究法

文献研究法是指从各种数据记录资料存档中查阅相关资料进行研究。

各个国家、机构和个人都有很多档案资料,这些会为分析事物间的关系提供重要的数据来源。如把城市的气象资料、警察局的犯罪事件记录等作为资料,分析两者之间的相关关系。

课后思考题:

1.实践类题目:收集您身边的"环境—行为—心理"相互作用的实例,观察现象,分析原因,试图寻找解决办法。

2.简答题:

(1)简述格式塔知觉理论、生态知觉理论及概率知觉理论的主要观点及优缺点。

(2)环境心理学常用的研究方法有哪些?并具体谈一下观察法的操作步骤。

电子数据资源材料:

(1)视频资料——《三傻大闹宝莱坞》片段。

(2)雅各布斯的《美国大城市的死与生》。

<<< 第二章　关于环境

第一节　概　述

环境就是围绕着某种物体,并对这种物体的"行为"产生某些影响的外界事物。我们一般以人为考察对象,将人类以外的一切自然和社会的事物都看作环境因素。环境至少应包括关于时间和空间的四维要素。

格式塔心理学家考夫卡在《格式塔心理学原理》(1935)一书中把环境分为地理环境和行为环境。前者指现实的环境,后者指个人意想中的环境。他认为行为产生于行为环境,受行为环境的调节。他举例说,有一个旅客在一个暴风雪的夜晚骑马来到一家旅店,庆幸自己经过几小时的奔驰,穿过冰天雪地的平原而能找到暂时安身的地方。店主人问他从何方来。而当他知道刚才经过的地方正是令人闻风丧胆的康士坦湖时,他立即惊恐而毙。考夫卡认为,这一旅客过湖时,地理环境是大湖,行为环境则是冰天雪地的平原。而他听了店主人的话而暴毙,就证明,如果旅客事先知道那是一个大湖,其行为就会有很大的变化。所以,考夫卡认为,行为是受行为环境调节的(行为环境论)。

由此可见,人们在真实世界里的任何行为,不仅取决于这一环境的客观性质,更取决于他主观上对环境的认识。

另一位格式塔心理学家勒温提出的动力场理论与考夫卡的行为环境论基本相同。他在《拓扑心理学原理》(1936)一书中详细论述了动力场理论。勒温的动力场理论中有一个重要概念叫生活空间。生活空间是指人的行为,也就是人和环境的交互作用。其公式如下:

$$B=f(\text{LS})=f(P\cdot E)$$

其中,B代表个体心理及其行为表现;f代表一种函数关系;P代表行为主体;E代表心理环境;LS表示生活空间。

这里勒温所说的环境不是现实的客观环境而是心理环境,即与人的需求相结合并在人头脑中实际发生影响的环境。需求的作用使得生活空间产生了场的动力,称之为引力或斥力。例如,儿童看见糖果就想吃,叫引力、看到蛇就想逃避,叫斥力。生活空间所具有的吸引或排斥的动力性质,勒温称为效价(分为正效价和负效价)。由于生活空间具有动力,人的行为就沿着引力的方向向心理对象移动。例如,一个青年 (P) 想当景观设计师,为了达到这个目标 (G),必须经过下列几个区域的生活空间:①大学入学考试 (CE);②进入大学 (C);③进入园林专业 (M);④考取相关证书 (I);⑤从事景观设计 (Pr)。如果他入学考试不及格,就不能越过这个疆界而进入另一个区域。这时他的生活空间就会产生急剧变动,或者继续努力,克服障碍,最后实现目标,抑或另找新的目标。也就是说,行为随着人与环境这两个因素的变化而变化。

第二节　现象环境

现象环境是指客观世界本身。我们只在其中的一小部分活动,但对其他部分可以通过知识的传播有所了解。这一环境又被区分为两类。

（1）由物构成的环境:如城市、建筑等,即物质环境。

（2）由人构成的环境:指由其他人构成的环境,如地铁上、街上的陌生人等。

总之,现象环境是客观存在的,对任何人都一样,不受人们感知经验的影响。

一、物质环境

物质环境具有一些稳定的环境特征,如声音、温度、气味和明暗等。它对行为的影响是以情绪作为中介变量产生的。如图2-1所示为环境与行为相互作用的过程。

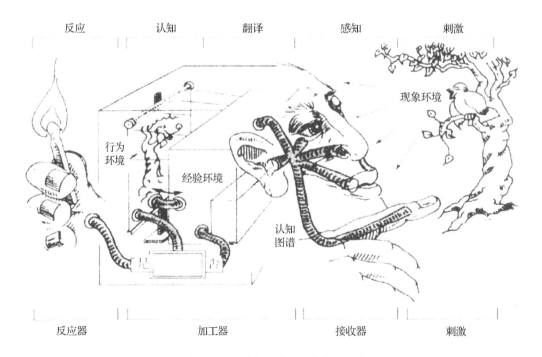

图2-1　环境与行为相互作用的过程

（1）环境中的鸟鸣作为听觉刺激，鸟和树作为视觉刺激，人通过眼和耳感觉到来自客观对象的刺激。这一过程叫感觉。

（2）上述刺激的物理能量被转化为神经冲动（即生物电能），经传入神经传递到大脑。在感觉的基础上，大脑借助以往的知识或经验（有关鸟和树的记忆、知识）对来自各种感觉的刺激进行处理、知觉的过程。

（3）在比较、识别和理解的基础上，产生对环境的判断或认识，称行为环境。行为环境不完全等同于客观环境，而是经过感知后重构的环境。

（4）个人可能把感知到的环境信息贮存备用，也可能就此作出行动反应（如赶鸟、爬树等），究竟如何，取决于个人的兴趣、目的、需要、价值观和社会准则等因素。

（一）环境感知

感觉是人类一切认识活动的开端，是意识和心理活动的根本依据，是直接作用于感觉器官的客观事物个别属性的反映。根据刺激的来源，可把感觉分为外部感觉和内部感觉两类。

如果人类脱离了环境会怎样？心理学有一个实验叫作感觉剥夺实验。实验中被试者被剥夺视觉、听觉、触觉、嗅觉、温度感觉，他被安排躺在一间恒温房间里舒适的床上，没有时间感觉。被试者在这样的房间里用不了多久就会心烦并产生幻觉，大脑也不能正常思考了。

（二）影响感觉的因素

1.主体因素：主要是指人本身的状态与感觉之间的关系。

比如，健康人—残障人，当某器官受到损害时，其他器官就会作出相应的补偿，增加感受的灵敏度。

2.客体因素：主要是指刺激物的不同状态。

比如，运动物体比静止物体更能引起人的注意；发光的物体比暗淡的物体更具吸引力；与众不同的新颖事物容易成为注意的对象。

一个物体，如果本身能够从多方面刺激人的感觉器官，则更具有引人注目的能力。刺激物的强度有时也是相对而言的。正如："蝉噪林逾静，鸟鸣山更幽。"为了突出某个要素，常对其周围采取简化处理的手法，如对比手法。知觉是在感觉的基础上，反映事物整体属性的信息整合过程。知觉的产生以各种形式的感觉的存在为前提，并与感觉同时发生。

（三）人的知觉特点

人的知觉存在知觉定式，即知觉判断会因个人的知识、经验、兴趣产生某种倾向，用以保持甚至加强他已形成的态度和价值观。心理上的这种定式常常可以帮助个人对客观事物迅速作出判断，但也常常妨碍判断甚至引起错觉。感觉主要以生理机能为基础,具有较大的普遍性,因而个体差异较小。而知觉是心理性的,具有较大的个体差异。

知觉还存在知觉适应。随着接触时间的延长,个体对环境的知觉敏感性会发生变化。如果刺激恒定,个体反应将越来越弱,这一现象称为习惯化。这种习惯化在嗅觉刺激、味觉刺激、噪声、光、压力、温度等方面都可发生,与个体对环境的适应有关。

下面以气候与行为——小气候环境的形成为例进行分析。

1.天气和气候

天气是指相对快速的冷热改变或是暂时的冷热条件。气候则是指一般情况下具有的天气状况或长期存在的主要天气状况。区分清楚两者的不同是十分重要的,因为它们对人类行为的影响是不一样的。春夏秋冬的季节变化、晨昏昼夜的时分变化、晴雨雪雾的气象变化对人类行为都会产生不同影响。

2.关于气候与行为间的关系

气候决定论认为,气候决定了行为的范围。谈到气候决定论时,必然会联系到地理决定论,认为地理位置决定了气候。比如丽水市属中亚热带季风气候区,气候温和,冬暖春早,无霜期长,雨量丰沛。2014年11月中国气象学会正式授予丽水市“中国气候养生之乡”称号。这是首次且是目前唯一一次授予一座城市“中国气候养生之乡”称号。

气候可能论认为,气候对行为有一定的制约作用,它限制了行为可能的变化范围。

气候概率论认为,气候不是导致某种行为产生的决定性因素,但是它决定了某些行为出现的概率比另一些大。

3.光照与行为——照明设计、环境氛围的营造

光照通常比无光使人愉悦,从而使人更愿意作出利他行为。如在阳光明媚的条件下,向路人征集实验的志愿者,报名的人更多;同样的光照条件下,餐馆侍应生得到的小费也更多。

Colman的研究指出,让自闭者生活在光线较充足的地方,自闭行为减少一半,而且会增加许多与人互动的行为;Ponte的调查发现,灯光不足会造成视觉疲劳、反胃、头痛、忧郁等问题;Mayron亦发现在阳光充足的地方,孩子显得更活泼有劲。

光与颜色和孩童学习成效也息息相关。研究发现,在使用蓝、黄、绿等亮丽的颜色布置而成的学习环境中,比起单调的白、黑、棕色的环境,孩子表现得更加聪明。

季节性情感障碍是以与特定季节(特别是冬季)有关的抑郁为特征的一种心境障碍,是每年同一时间反复出现抑郁症状的一种疾患。这种抑郁症与白天的长短,或环境明亮程度有关。研究发现,季节性情感障碍发作的概率与当月的平均气温、光照周期的长短是明显相关的。同时还注意到,季节性情感障碍常表现为有规律地在冬季发生抑

郁,夏季呈轻度躁狂,两者常交替出现。然而,通常季节性情感障碍不被认为是独立的情绪障碍,而被认为是具有季节性特征的重度抑郁发作的特殊类型。这种重度抑郁发作,可以见于重度抑郁症和躁狂抑郁症。对人进行有效的光照补偿,可减轻甚至消除上述症状。

白天人们最喜欢间接的自然光线。到了晚上,人们利用人工光源延续自己活动的时间,扩大自己活动的空间。

现代技术可以帮助我们制造不同色光(冷、暖、中性)的电光源,以适应各种环境的需要。选择阳光充足的居所,才是第一要务。

光环境的设计不应只局限于满足照度标准这一个方面。光环境设计应具有明亮、舒适和具有艺术感染力三个层次。

▶ **光影设计的案例1**

朗香教堂(Notre Dame du Haut),又译为洪尚教堂,位于法国东部索恩地区距瑞士边界几英里的浮日山区,坐落于一座小山顶上,1950—1953年由法国建筑大师勒·柯布西耶(Le Corbusier)设计建造,1955年落成。朗香教堂的设计对现代建筑的发展产生了重要影响,被誉为20世纪最震撼、最具有表现力的建筑(见图2-2)。

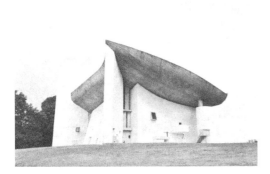

图2-2 朗香教堂

该教堂造型奇异,平面不规则;墙体几乎全是弯曲的,有的还倾斜;塔楼式的祈祷室外形像座粮仓;沉重的屋顶向上翻卷着,与墙体之间留有一条40厘米高的带形空隙;粗糙的白色墙面上开着大大小小的方形或矩形的窗洞,上面嵌着彩色玻璃;入口在卷曲墙面与塔楼交接的夹缝处;室内主要空间也不规则,墙面呈弧线形,光线透过屋顶与墙面之间的缝隙和镶着彩色玻璃的大大小小的窗洞投射下来,使室内产生了一种特殊的气氛。

▶ **光影设计案例2**

光之教堂,是日本最著名的建筑之一。它是日本建筑大师安藤忠雄的成名作,因其在教堂一面墙上开了一个十字形洞而营造了特殊的光影效果,令信徒们产生接近"天主"的错觉而名垂青史(见图2-3)。

图2-3 光之教堂墙面十字形洞

光之教堂是安藤忠雄"教堂三部曲"(风之教堂、水之教堂、光之教堂)中最为著名的一座。光之教堂位于大阪城郊茨木市北春日丘一片住宅区的一角,是现有一个木结构教堂和神父住宅的独立式扩建。它没有一个显而易见的入口,门前只有一个不太显眼的门牌。进入它的主体前,必须先经过一条小小的长廊。这其实只是一个面积颇小的教堂,大约113平方米,能容纳约100人,但当人置身其中时,自然会感受到它所散发出的神圣与庄严(见图2-4)。走动时你会听到自己的双脚与木地板接触时发出的声响。

图2-4 光之教堂外部

光之教堂的魅力不在于外部,而是在里面,它有与朗香教堂一样由光影交错所带来的震撼力。然而朗香教堂带来的是宁静,光之教堂带来的却是强烈震动。

光之教堂的区位远不如前两者那般得天独厚,也没有太多的预算。但是,这丝毫没有局限安藤忠雄的想象力。

坚实厚硬的清水混凝土绝对的围合,创造出一片黑暗空间,让进去的人瞬间感觉到与外界的隔绝,而阳光便从墙体的水平及垂直交错开口里泻进来,那便是著名的"光之十字"——神圣,清澈,纯净,震撼。光之教堂**由一个混凝土长方体和一道与之成15°**

角的横贯的墙体构成，长方体中嵌入3个直径5.9米的球体。这道独立的墙把空间分割成礼拜堂和入口部分。透过毛玻璃拱顶，人们能感觉到天空、阳光和绿树。教堂内部的光线是定向性的，不同于廊道中均匀分布的光线。教堂内部的地面越往牧师讲台方向靠近越呈阶梯状下降（见图2-5）。前方是一面十字形分割的墙壁，嵌入了玻璃，从这里射入的光线显现出光的十字架（见图2-6）。由于考虑了预算与材料的质感，地板和椅子均采用低成本的脚手架木板。

图2-5　阶梯式下降的地面

图2-6　十字架玻璃

光之教堂由混凝土作墙壁，除了那个置身于墙壁中的大十字架外，并没有放置任何多余的装饰物。安藤忠雄说："它的墙不用挂画，因为有太阳这位画家为他作画。"

教堂里只有一段向下的斜路，没有阶梯；最重要的是，信徒的座位位置高于祭坛，这有别于大部分的教堂（祭坛都会位于高台之上，庄严而肃穆地俯视着信徒），此举打破了传统的天主教堂建筑，亦反映了世界上每个人都应该平等的思想。

4.气味与行为——清洁、芳香类主题园

引起嗅觉的气味刺激主要是具有挥发性和可溶性的有机物质。其有六类基本气味，依次为花香、果香、香料香、松脂香、焦臭、恶臭。香与臭是一种主观评价，香味使人感觉舒适，但因人而异。不同的人对一种气味有不同的感受，因而就有不同的评价，甚至同一个人在不同的环境、不同的情绪中对一种气味也有不同的感受和评价。

气味与健康的关系：不同的气味可能引起生理上的不同变化。具有降低血压、减慢心率等效果的气味被用来治疗高血压。如茉莉花香可刺激大脑；天竺葵香味有镇定安神、消除疲劳、加速睡眠的作用；白菊花、艾叶香气具有降低血压的作用；桂花的香气可缓解抑郁，还对某些狂躁型的精神病患者有一定疗效。

例如，拙政园远香堂，取宋代学者周敦颐《爱莲说》中"香远益清"的意境；闻木樨香轩，遍植"一秋三度香"的桂花，满树金黄朱红，花时香气袭人。闻木樨香轩位于苏州留园中心水池西侧，为俯视全园景色最佳处，并有长廊与各处相通。木樨，即岩桂。

轩为方形,后倚云墙,单檐歇山造,徐氏时称"桂馨阁",刘氏时曾名"餐秀轩",盛氏时改为今名。

5.声音与行为 ——居住区设计、公园安静休息区设计、道路交通设计

从心理学观点看,噪声是使人感到不愉快的声音。对噪声的体验往往因人而异,有些声音被某些人体验为音乐,却被另外一些人体验为噪声。起决定作用的变量主要有三个:音量、可预测性、知觉的可控制性。

(1)噪声音量越大,越有可能干扰人们的言语交流,会引起个体生理的唤醒和应激、注意力分散等。

(2)不可预测、无规律的噪声比可预测的、持续的噪声更让人厌烦。对于可预测到的噪声,适应起来会更容易些,个体会逐渐习惯和适应。

(3)如果噪声超出了人们的控制能力,那么它产生的干扰要强于能够控制的噪声。

以上三个变量能以任何形式组合,但当噪声的音量很大、不可预测、不能控制时,造成的干扰是最大的。

噪声对人的身心健康会产生影响。听力损伤包括两种情况:暂时性阈限改变和永久性阈限改变。听力损伤为暂时性阈限改变的患者能够在噪声消除后的16小时内恢复到正常阈限;当听力损伤为永久性阈限改变时,则在噪声消除后的一个月或更长时间听力都还不能恢复到正常的水平。此外,高分贝噪声可能会导致生理唤醒和一系列应激反应,如使血压升高,并影响神经系统和肠胃功能;对人类和动物的免疫系统也有影响,还会导致失眠等症状。

噪声不仅能够直接影响个体的健康,而且还会通过改变某些行为,对健康产生间接的影响。

噪声对人的心理健康也有不利影响,如会引起头痛、恶心、易怒、焦虑和情绪变化无常等。长期处于高噪声区域患精神病的概率更高。

噪声会通过一些中介变量引发心理疾病。噪声环境会使个体知觉到的控制感减弱,以及产生无助感;这些心理反应会更容易引发心理疾病。长期生活在充满噪声的环境中,容易患上类精神官能症。譬如居住在飞机场附近的居民的神经紧绷度明显偏高,听力不佳,情绪管理不良,血压偏高。音乐疗法则是有效的治疗手段,平和的乐风具有安定效果,晚上聆听柔美乐曲,具有助眠效果;早上听听虫鸣鸟叫的心灵音乐,有助于提振士气。

噪声干扰操作行为。噪声环境,人的操作行为会受到影响,出错率增加。具体影响程度是由多种因素决定的,如噪声的变量(强度、可预测性、可控制性)、任务的类型、个体的忍受性(敏感程度)和人格特点等。

研究表明,与强噪声有关的生理唤起会干扰工作,但是人们也能很快适应而不致引

起身体损害,一旦适应了,噪声就不再干扰工作。

对社会行为产生的影响。噪声不仅造成听觉的损伤、影响人的生理机能和心理健康,产生干扰操作的行为,而且还会影响到人与人之间的社会关系,如人际吸引、利他行为和攻击性。

6.颜色与行为——色彩选择与搭配

实验表明,人的视觉器官在观察物体时,最初的20秒内色彩感觉占80%,而形体感觉占20%;2分钟后色彩占50%~60%;5分钟后各占一半,并且这种状态将继续保持。色彩给人的印象是迅速、深刻、持久的。

颜色是视觉系统接受光刺激后产生的,是个体对可见光谱上不同波长光线刺激的主观印象。颜色可以分为彩色和非彩色。颜色有三个心理特征,分别是色调、饱和度、明度。明度是彩色和非彩色刺激的共同特性,而色调和饱和度只有彩色刺激才有。

色彩的心理感受如下:

(1)冷暖感:色彩可以分为暖色和冷色。例如,万科深圳第五园与天津的水晶城。前者指刺激性强,引起皮层兴奋的红、橙、黄色;而后者则指刺激性弱,引起皮层抑制的蓝、绿、紫色。非彩色的白、黑也会给人不同的感觉。

(2)轻重感:主要取决于明度。明度高的色感觉轻,富有动感,暗色具有稳重感。明度相同时,纯度高的比纯度低的感觉轻。以色相分,轻重次序排列为白、黄、橙、红、灰、绿、蓝、紫、黑。常利用色彩轻重感处理画面的均衡。

(3)远近感:是色调、明度、纯度、面积等多种对比造成的错觉现象。亮色、暖色、纯色,如红、橙、黄暖色系,看起来有逼近之感,称"前进色"。暗色、冷色、灰色,如青、绿、紫冷色系,有推远之感,称"后退色"。色彩的前进与后退还与背景密切相关,面积对比也很有影响。进退效果在画面上可以造成空间感觉。

(4)胀缩感:是一种错觉,明度的不同是形成色彩胀缩感的主要因素。法国国旗的三色设计,红、白、蓝的宽度之比为:30∶33∶37。

(5)动静感:也称"奋静感",是人的情绪在视觉上的反映。红、橙、黄色给人以兴奋感,青、蓝色给人以沉静感,而绿和紫属中性,介乎两种感觉之间。白和黑及纯度高的色给人以紧张感,灰及纯度低的色给人以舒适感。动静感也来源于人们的联想,它与色彩对心理产生的作用有密切关系。色彩的动静感运用应服务于主题,与环境气氛和意境有着紧密的关系。

色彩影响人们的情感。蓝色和绿色是大自然中最常见的颜色,也是自然赋予人类的最佳心理镇静剂,可使皮肤温度下降,脉搏降低,血压下降,减轻心脏负担;也会使自杀人数下降。粉红色给人温柔舒适的感觉,具有息怒、放松及镇定的功效。当犯人闹事以后将其关进粉红色的禁闭室,10多分钟后,犯人就会打瞌睡。

总之，最理想的色彩莫过于大自然环境中植物的绿色和水与天的蓝色。它们是大脑皮层最适宜的刺激物，能使疲劳的大脑得到调整，并使紧张的神经得到缓解。比如室外操场的跑道为什么是红色？主要是由于热学原理和美学原理，物体只吸收和自己颜色不同的色光，其中红外线能量最高。使用红色跑道，红色光会被反射走（如果吸收红色光则会加速跑道热变形而损坏）。如果做成白色的，不美观，且反光强烈影响视力。在塑胶跑道的实际建设中，一般将其做成橙红色或枣红色。

二、人

经常所处的环境中多数是有"人"存在的，并不都是"物"，环境中的"人"的心理、生理与行为均有影响。

城市生活中特别是大城市的中心区，人很多，对于过度拥挤，人们总是有很多抱怨。但心理学家认为，人们还有"爱凑热闹"的说法。例如，人们在一般酒宴上比独自就餐食量就要大得多。对酒吧中喝酒人群的研究也发现，一群人一起喝酒比一人独饮，每人平均饮酒量也大得多。这说明人们都有一种心态，到热闹的地方去，但又厌恶过度的拥挤。人们既愿意清静，又惧怕孤独。这都与环境中刺激的多寡有关。

（一）刺激的被剥夺与过载

刺激被剥夺或被降低到极低的程度，对人的精神将有很大的摧残。在感觉过载与被剥夺的对比试验中，被试者表现出异常的烦躁、紧张，以及肾上腺素过量分泌，而且皮肤电流有强大的波动。大部分试验者宁可接受过载的刺激也不愿被剥夺刺激。

（二）最佳的刺激度

有机体需要一定量的刺激。对任何类型的刺激，每个人都有一定的适应水平，离开这个水平，不管是高还是低，在一定的幅度内仍然是可接受的，会有新奇感，但并不舒服，而且还有是否习惯的问题（见图2-7）。例如，上下班的人每天挤公共汽车，很不舒服，但习惯后就不会再引起很大的紧张了。

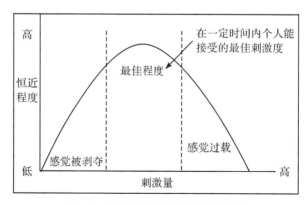

图2-7　刺激量与感觉舒适程度的关系

（三）拥挤与密度

密度是指每单位面积内个体数目的客观测量，具体来说，它是指个体与面积的比值。拥挤是导致负性情感的一个主观心理反应。当人口密度达到某种标准，个人空间的需要遭到相当长一段时间的阻碍时，就出现了拥挤感。

从心理学角度看，拥挤与密度既有联系，又有区别。拥挤是主观体验，密度则是指一定空间内的客观人数。密度大并非总是不愉快的，而拥挤却总是令人不愉快。

（1）拥挤对人类社会行为的影响：高密度对人造成的影响可分为直接效应和累积效应，即短期影响和长期影响。

直接效应是指由于高密度带来的即时负性情感体验，如焦虑；累积效应是指高密度对健康的损害。

在高密度条件下的人血压偏高，个体患病的概率更高。长期在高密度环境中生活，可能引发疾病或使病情加重。

拥挤导致人际吸引降低，并且对男性的影响更明显；拥挤导致退缩行为（在拥挤的车上人们常会避免视线的接触，如阅读、闭目养神、把头扭向一边，或者保持较远的人际距离，以缓解这种应激）和利他行为减少；拥挤表现为焦虑等负性情感。

（2）拥挤对任务完成的影响：高密度会阻碍被试者对环境的认知，可能会阻碍个体的信息加工能力，导致任务不能顺利完成。

"习得性无助"是美国心理学家塞利格曼于1967年在研究动物时提出的，他用狗做了一项经典实验：起初把狗关在笼子里，只要蜂音器一响，就给以难受的电击，狗关在笼子里逃避不了电击，多次实验后，蜂音器一响（在电击前，先把笼门打开），此时狗不但不逃而且不等电击出现就先倒在地上开始呻吟和颤抖，本来可以主动地逃避却绝望地等待痛苦的来临，这就是"习得性无助"。"习得性无助"是指因为重复的失败或惩罚而造成的听任摆布的行为。"习得性无助"是通过学习形成的一种对现实的无望和无可奈何的行为与心理状态。

（四）消除拥挤的策略

（1）认知干预：提前给个体关于某个情境的拥挤提示或警告。这样可减少应激和其他不利影响。

（2）空间设计（利用分隔）：对密度的知觉是引起拥挤感的关键，拥挤感是个体感知到个人空间受到侵犯产生的反应。空间设计中的分隔是利用各种屏障或隔断减少人们相互接触和环境信息的输入，从而减少拥挤感。

（3）注意焦点的设计：在拥挤环境中，可提供一个注意焦点，如视野开阔的窗户、壁画等，转移人们的视线，减少目光相互接触。

（4）减少感觉过载：人眼的边缘视觉易产生运动夸张感，引起无意注意和下意识反

园林景观设计与环境心理学

应。如驾驶员驾驶汽车从开阔的公路驶入林荫道路时，会因一排排树木的急速倒退引起运动夸大感而不自觉地减缓车速；但在雾天却相反，司机会因缺少视觉参照而不自觉地加快车速，酿成车祸。因人需要安全感而起监视周围环境的作用，也会因不同刺激物的刺激而引起个体不同的心理反应。

在现实环境中，这种夸大的运动感会造成视觉过载，并可能引起拥挤感。比如，在阅览室、候车室和小面积居室中，墙面尤其是那些处于视平线上下的墙面不宜过分加以修饰，因为过度的视觉刺激会通过边缘视觉使人格外心烦意乱。比如狮子林，一堆狮形怪石，一群趴在假山上的游人，边缘视觉源源不断提供这些夸大的信息，而这些假山恰好处在视平线上下，又十分接近游人，会令人忐忑不安，小中见挤。所以，在一定的条件下，边缘视觉的过度刺激会使人产生消极的心理反应，从而减少相互间的目光接触。

第三节　个人环境

环境认知的研究最早起源于心理学领域，随着时间推移发展成为跨学科的研究内容（见图2-8），心理学、环境学、建筑学、地理学等相关学科都会涉及环境认知研究。对于环境认知的研究，国内外学者从不同尺度上做出了探索。林奇主要针对城市尺度上的空间认知进行研究，最大的贡献是将环境要素进行了分类定义，提出将可意象性的元素划分为道路、边界、区域、节点和标志五个指标。高桥鹰志除了研究城市，也对较小尺度的大学校园空间进行了研究，他的研究更侧重于人的认知和空间关系之间的联系。魏斯曼从建筑学的角度出发，将建筑的特点和人的行为联系起来。奥尼尔提出建筑平面的拓扑关系对空间认知有重要影响。在建筑设计层面上，环境认知的研究又包括商业建筑空间、地下空间以及轨道交通建筑空间等方面的认知研究。

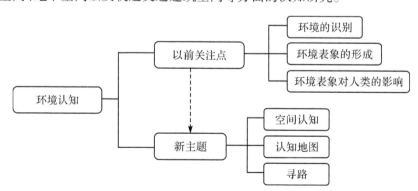

图2-8　环境认知的研究内容

国内外学者对于人与环境空间的关系研究已经取得了一些进展，不同尺度的空间认知研究都有发展，但每个领域的研究重点不同。心理学注重解释人的行为，建筑学注重构建建筑的特点，环境学注重对环境的评价和构建，地理学关注空间关系与人的认知之间的关联性，但目前这方面的研究还比较缺乏，因此有必要深入研究环境设计与人类的空间认知之间的关系，为人工环境的设计提供更可靠的依据。

心理学领域根据知觉方式的不同，将空间分为图形、街景、环境和地理空间。比人体小，能够从一个观察点感知整体的空间，称为图形空间；比人体大，能够从一个观察点通过改变视角而感知的空间，称为街景空间；不能从一个观察点全面感知，必须通过移动，通过多个观察点获取街景空间的拼图来获取完整的空间感知的空间，称为环境空间；不能通过置身其中直接感知，而必须将空间缩小成图形空间来感知，通过地图、三维模型等符号来表达的空间，称为地理空间。

地理事物在空间中的位置以及事物本身的性质是地理空间认知研究的内容。1995年，美国国家地理信息与分析中心（NCGIA）提出了地理空间认知模型研究、地理概念计算方法研究、地理信息与社会研究三大战略领域。空间信息理论会议（COSIT）自1993年起每两年举行一次，将地理空间表达的认知和应用问题作为会议的主题之一，促进了地理信息科学认知基础研究领域的发展和成熟。

众多GIS学者对地理认知的理论内涵、认知表达和概念模型的特点进行了研究。地理空间的存在及其基本特征（地理空间尺度、地理空间局部到整体的连接、地理现象确定性和不确定性的统一、地理空间的视觉认知等）在多认知水平上展开，构成了整个地理信息科学理论体系。眼动追踪技术是目前地理学科研究空间认知的一种新的方法，是一种实际体验式的方式，但这种方法对设备和仪器的要求比较高，目前难以展开大规模的调查。目前对空间认知进行研究还存在一定的难度，主要是空间数据的获取难度大、空间过程的不确定性、人类认知的复杂性等原因共同作用的结果，关于空间认知的理论研究、模型建设、实验设计等都还有很大的研究空间。

一、认知地图

（一）认知

心理学家奈瑟尔最先将认知定义为感觉输入的变化、减少、解释、贮存和使用的所有过程。认知是人最基本的心理活动，指的是人通过感受、判断、记忆、再忆等活动来完成外界知识获取的过程。

（二）环境认知

人对环境的认知由许多的点、线、面按照一定的联系组成。人的大脑在接受环境的刺激过程中，会对信息进行概括、理解、加工以及重新组合以此来识别和认识环境。接受相同环境的刺激时间越久，越容易提高对环境认知的复杂度。

（三）环境意象

环境意象是人脑对外部环境的概括处理，这个处理结果可以在寻路过程中指导人类的行为，是当前感受与过去经验记忆相互作用的产物。观察者自身会对见到的事物进行筛选、组织并赋予意义，因此在不同环境中选择的结果可能存在差异和联系，即使是处于相同环境中的事物也会因为对某个事物的感性认识增强，而产生不同的感受和认知。环境意象的形成就是在外界刺激和大脑记忆的相互作用下不断加强的。

增强环境意象的方式主要有两种：一种是通过象征性的图案或是改造周围环境；另一种是培训观察者，对于熟悉的环境，可以通过强化某个意象的记忆训练；如果是陌生的环境，可以通过寻路过程加强对意象的记忆。

环境意象形成的外部动因是环境规划设计者关心的问题，不同的环境能够阻碍或者促进环境意象的形成。如果忽略个体差异，就能找出"公众意象"，即拥有相同的文化背景、具有相同的某种基本生理特征人群，对于单个的空间物质可能会形成相同的环境意象。如果考虑个体差异，按照观察者的性别、年龄、职业构成、文化构成或者熟悉程度等进行分类，分组越细致，越有可能形成相似的意象。在同一组人群中，成员之间的意象基本能够保持一致。

（四）认知地图

认知地图的概念最先由美国行为主义心理学家托尔曼提出，他是从老鼠走迷宫实验中得到的结论。他认为动物学习并不是简单的条件反射，不是在环境刺激和动作行为之间建立联系，而是确实在头脑中形成了虚拟的迷宫格局。认知地图是对局部环境的综合记忆，它既包括简单的时间顺序，也包括方位、距离、事物等。人脑对于去过的地方或见过的事物能在记忆中重塑起来，因此能够识别和理解环境，因此认知地图也称为意象地图，是"头脑中的环境"。

认知地图有三个特点：①隐含信息不是单一的。既包括实体信息，如建筑、街道等的布局；又包括抽象信息，如环境氛围等。②带有不确定性和主观性。这主要是认知地图在形成过程中往往是由实际环境的直觉性感受所决定的，直观感知的结果就是会对环境中物体的记忆程度呈现不同的特点。③受个体差异影响较大。由于每个人对环境的关注程度、熟悉程度、个人喜好等各方面存在差异，每个人脑海中呈现的认知地图也是各不相同的，正如世界上没有两片完全相同的树叶一样，世界上也没有两幅完全相同的认知地图。

认知地图的功能包括：①认清空间归属。简言之，就是知道自己身在何处，不至于因为迷失方向而感到恐慌。陌生的环境会让人产生不安的情绪，相反的，如果有清晰的路标、别人的指引或者在脑海中已有清晰完整的认知地图，那么人们将非常容易地了解当前的位置，知道如何到达目的地，从而获取安全感。②帮助认识新环境。人类利用原有知识对新知识进行解释和消化,进而将认知地图的范围扩大或者更加细化,这是一个逐步完善的过程。③公众交往功能。生活在同一区域内的人类会有公认的空间元素,从而形成公共的意象,而公众社交活动最密集的场所往往是在众人空间意象最清晰的地方。

研究认知地图的方法主要有:①画地图草图;②言语描述;③较系统的问卷和访谈;④图片再认;⑤距离判断;⑥"边想边说"式现场实验。在林奇的研究中,认知地图有五个基本要素,即路径、标志、节点、区域和边界。

1.路径

旅行的通道,如步行道、大街、公路、铁路、水路等连续而带有方向性的交通通道,其他要素沿路径分布。城市中林立的建筑阻挡了人们的视线,人们只能沿道路一边行进一边观察,因此在大多数城市认知地图中,道路常常占主导地位,主干道往往构成城市环境认知的框架。如丽水市的中山街、人民街等。

2.标志

标志是指具有明显特征而又充分可见的定向参照物,环境中的标志一定是引人注意的目标和醒目的图形。在没有路径(如沙漠和草原)、路径不明(如山林)或路径混乱(如大城市)的大尺度环境中标志尤其重要——因为无法看到或了解环境全局,只有依靠标志来识别环境。

标志可以是日月星辰、自然山川、岛屿、大树,也可以是人工建筑物或构筑物。例如在中东一望无际的荒漠中生活的贝都因人,将堆石作为识别环境的标记。密林中的探险者常以刻树为标记。而在城市环境中,高塔、桥梁、纪念碑、雕塑、造型特殊的建筑、牌楼、喷泉等都可能成为引人注目的标志。有些特殊的标志,如纽约的自由女神像(见图2-9)、旧金山的金门大桥(见图2-10)、北京的天安门、上海的东方明珠塔、巴黎的埃菲尔铁塔、悉尼的歌剧院等,还升华为城市或国家的象征。如丽水的应星楼(见图2-11)、丽水学院的图书馆(见图2-12)等也是当地的象征。

图2-9　纽约自由女神像

图2-10　旧金山金门大桥

图2-11 丽水应星楼　　　　　　　　图2-12 丽水学院图书馆

3.节点

节点是指观察者可进入的具有战略地位的焦点,如交叉路口、道路的起点和终点、广场、车站、码头等行人集散处。道路是一维空间,行人不必操心方向,只管放心朝前走;传统的节点是两维空间,行人在这些地点必须集中注意力,清楚地感知周围环境,而后作出行动选择。因此,好的节点应该有方向感强的醒目标志,当然这些标志也应该是符合审美对象的,因为这些标志所处的地理位置决定了它们成为众人瞩目的对象。中心对称或四面无明显区别的节点最容易使人迷路,丑陋的节点最容易损害城市的形象。

4.区域

区域是指具有共同特征的较大的空间范围。这一共同特征在区域内是共性的,但相对这一空间范围之外就成为与众不同的特性,从而使观察者易于把这一空间中的所有要素看作是一个整体。利用格式塔组织原则对要素的空间布局、造型、质感、色彩等特征加以合理组织,都可能形成这种整体感,从而建立起足以引起人们注意的区域的整体同一性。从更大环境的整体来看,区域的同一性又成为特性,起到标志的作用。

5.边界

不同区域的分界线,包括河岸、路堑、围墙等不可穿越的障碍,也包括树篱、台阶、地面质感等示意性的可穿越的界线。路径有时也起到边界的作用,尤其大都市的高速路,已成为道路两侧区域不可逾越的边界。

二、空间关系

(一)空间关系的构成

空间物体既包括几何特性,如地理位置与形状;又包括非几何特性,如物体名称、地名等名称属性,以及高程值、坡度值、气温值等度量属性。空间现象的几何特性可以引起空间关系的形成,如距离、方位、邻近、包含、相似性、连通性等;空间对象的几何特性和非几何特性共同作用也会形成空间关系,如空间分布现象的统计相关、空间自相关、空间依赖等；还有按照时间上的先后关系、成因上的因果关系等非几何特性引起的空间关系的形成。空间关系是在数字环境下，空间认知、空间分析、空间推理的前提和基础。

（二）空间关系的不确定性

空间关系具有不确定性，而且不确定性是数据固有的属性和表现，因为很多情况下真值是无法定义的，因此对不确定性的处理也应该采用一些特殊的手段来处理，而不能用精确的方法去处理。不确定性的内容包括位置、属性、时域、逻辑一致性等方面。

（三）空间关系认知

空间关系认知主要是研究空间关系与人类认知之间的关系，研究的内容主要集中在空间关系描述、空间关系推理、空间关系分析处理和空间关系应用等方面。空间关系与人类的认知存在紧密联系，空间关系的描述和应用离不开空间认知。从数学的角度出发，空间关系可以进行严密的定义，可以构建模型以及空间关系推理。但是人们对空间关系的认识和交流能力是有限的，因此现实世界中的空间关系不可能是无限连续的。

认知世界中的空间关系是现实世界空间关系的子集，是抽象、概括、综合以及总结归纳现实世界之后产生的结果。人类有限的认知能力，使得人类无法对现实世界中的所有空间关系都进行描述并构建清晰的模型，故而概括、综合和抽象就在认知过程中起到了极大的作用。

第四节　文脉环境

文脉环境亦称社会文化环境。该词语一般用于建筑设计中，特定历史文脉环境应当是一个由历史建筑或者建筑遗产为主体的、具有清晰的文化意义和形象特征的建成环境。这个建成环境可以是城市的历史街区，也可以是农村的历史古镇或者传统村落。在这个建成环境中，历史建筑或建筑遗产是文化意义和形象特征的构成主体。

新文脉主义理论是构建中国当代城市特色的重要方法和手段，是城市和建筑未来发展具有方向性的标准和原则，是创建未来中国地域性城市特色的重要标准，以及检验其能否成功的重要标志。

建筑物的建成、使用和发展均与社会的进步与变革有关系。建筑物的设计建成过程承载了当时社会文化环境的特质；建筑物的使用与人们的生活息息相关；而当一些建筑物经历时间流逝得以保存下来，完好或不完好地存在于一个新的时代时，这些遗留下来的建筑又成为历史文化脉络演进中留下的记忆。很大程度上，历史建筑的存在使得一处土地环境成为所谓的"历史环境"。在这些历史环境中进行当代的建筑创作及设计，必然与历史建筑以及当地的民风民俗发生互动。历史环境中的建筑创作应当呈一种"进化"式演进。我们应该将"历史的积淀"转化为"自然的积淀"。

"显性"的场所文脉主义主要指通过研究城市环境表层物质形态而产生的设计手段和处理方法,如对周围区域环境形式与风格的"复制",对旧建筑外貌的保护与维护,对典型建筑的表征符号及视觉色彩的提炼与重构等。而"隐性"的场所文脉主义主要指通过研究城市环境各实体要素和城市环境中潜在隐性规则之间的联系,不仅仅局限于实体要素本身而谋求的城市环境设计的改造方法。在"隐性"的场所文脉主义中,这些隐性规则主要指城市的内在空间组织秩序、城市的历史文化发展走向规律和城市形象气质以及"以人为本"的物质生活形态模式演变的规则等。随着网络信息时代的到来,城市文化内涵及人的生活行为与工作方式正发生着巨大的变化,在城市的改造和扩张中亦将不断运用一些新的城市语言和物质要素。场所文脉主义的设计手法将在这个过程中扮演重要的角色。如何传承城市文化特色、保护和发展城市形象特点,是城市环境改造设计的焦点和本质所在。

城市环境改造设计作为城市更新发展的重要组成部分,既是一种设计,又是一种策略。总的来讲,城市环境改造设计是指城市中所有的建筑及外部空间场所的改造设计活动。

从场所文脉主义角度出发,环境改造设计采用的互动方式主要有两大类:一类是旧建筑及外部空间环境的保护和改造性再利用与城市历史文脉保护与延续的互动,如历史文物建筑的保护与再现、旧建筑的功能转换与循环再利用、城市历史街道及广场等外部空间在保留城市文脉及城市结构肌理的内在秩序的前提下改造。这类保护与改造提升了城市的人文精神,无论从物质层面还是精神层面都满足了社会和人的需求。另一类是对人的生活形态的更新、延续和创造新的生活方式与城市场所文脉的互动,这类环境改造设计主要是对"人"的活动空间的重视,使人们回归物质生活,为现代人创造新的、适宜的生活环境。目前在国内主要体现在以下几方面:街道环境的改善(近年来出现大批重构步行街环境的现象),提供户外公共活动空间,增加城市的交往空间和开放空间,凸显现代城市的特征,促使城市的持续发展(如改造与利用旧有的消极空间,为人创造出休息、交往的绿色开敞空间和城市滨水带景观环境空间等)以及对城市老旧环境设施的改善等。

城市环境改造设计是一个连续的过程和不间断的人类创造活动,并具有一定的时空特色。依据城市文脉主义的设计观点,城市环境如果没有传统的、历史的、情感的、社会文化的内涵,就不可能创造出真正有生命力的环境场所来满足人们的各种需求。城市环境改造设计在改造过程中的关键是新旧文脉的转换与延续。在具体设计过程中,场所文脉主义的运用主要有以下几种方法。

(1)尊重场所意义的文脉手法。这是一种以现代社会生活和人为根本出发点,注重并探寻人与环境有机共存的深层结构的城市环境改造设计方法。从场所意义的角度讲,城市环境是由空间场所组构而成,城市设计"小组10"成员凡·艾克认为,场所感是由场所和场合构成,在人的意象中,空间环境是场所,而时间就是场合,人必须融合到时间和空间意义中去。因此,这种环境场所感必须在城市环境改造设计过程中被重新认识与利用。如在将美国西雅图废弃的煤气厂置换为城市公园的环境设计中(见图2-13),为了充分反映设计师关注环境场所对人的精神作用,体现对场所现状与历史环境的尊重,设计师没有用西方传统园林模式强加于这块对城市有过重要贡献的工业场所之上,而是在环境改造设计时尊重原有的空间格局,并通过对相当一部分的工业设备与构筑物的保留与再塑造,让现代城市中的游人能在公园休闲散步时,体验到环境场所历史文脉的延续,体验到时空的变迁。再如在法国巴黎的拉·维莱特屠宰场改造为新型的城市公园的设计过程中(见图2-14),解构主义建筑师屈米在充分尊重其历史文脉及城市肌理结构的基础上,从传统的法国园林中寻找典型的构图元素和内在秩序及精神,依托现代技术,对巨大的尺度、线性景观、规整的道路等典型要素以解构手法重新组构,创造了一个场所特征明显的、现代化的都市公园来满足现代人与环境的多层次的需求。

图2-13 西雅图煤气厂公园

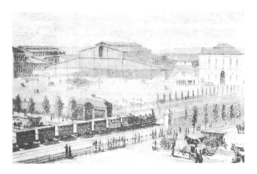

图2-14 巴黎拉·维莱特公园

（2）强调旧建筑的再利用并与现代环境共生的文脉手法。这主要是指在城市环境改造设计中，在力求保护城市原有的内在空间组织结构的前提下，对城市的旧建筑采取改造性再利用的态度。这种设计手法实现了旧建筑在城市景观环境构建中的社会经济价值、文化生态价值，并使城市环境的历史文化得以延续。在具体操作时，有不同的设计策略和方法，对于有重要历史价值的文物建筑，一般采取"整旧如旧"的方针，使其恢复原有的建筑风貌，保证其"原汁原味"；对于其他类型的旧建筑及其环境，常从历史与生态双重社会属性的角度出发，在对其功能延伸及置换的基础上，利用适宜的新技术、新材料对原有空间及结构加以改造与调整，赋予旧建筑及其环境以新的生命活力，延续了城市的历史文脉，增加了城市景观环境的认同感。如上海太平桥地区新天地广场在环境改造设计中对旧建筑及其环境的改造与再利用（见图2-15）。

图2-15　上海新天地广场旧居改造

（3）从城市历史文化及人的生活情趣的角度重视城市环境中公共艺术品及环境设施设计，从而进一步提升城市整体环境艺术品质。如在北京王府井大街景观环境改造设计中，一些公共艺术品的设计采用超写实的手法反映过去街道口拉洋车、剃头、唱曲儿的情景（见图2-16），真实地再现了该地段的历史情形，能充分激起现代人一股浓浓的怀旧情，恰到好处，显现了公共艺术品设计在现代景观环境设计中的重要作用。

图2-16 北京王府井大街公共艺术品设计

　　（4）注重文化生态的文脉手法。此手法主要从人与环境这对主客体出发，在尊重城市历史文化的基础上，考虑在社会和经济的快速发展、社会竞争越来越激烈而导致现代城市中人的生活方式和工作途径的相应变化来进行城市环境改造设计，以保持和增加环境文化的认同感，调适快节奏的工作生活带来的巨大压力。同样，现代城市环境改造设计若不从适应人们崭新的生活形态更新的角度出发，也将是毫无生命力及社会意义的。从文化生态文脉手法角度出发，最成功的环境改造设计应该是在满足现代社会人的需求的基础上，以实现新功能（行为方式）与原有环境中各物质要素达到最小冲突为目标，而不应是一种激进式的置换（重建），其目标实现应遵循一定的准则，如生态学准则等。因此，维持良好的生态系统和改善生存环境质量必将成为城市环境改造设计的重要内容之一。

　　总之，城市环境改造设计作为城市设计的重要组成部分，对其改造存在着不同态度和价值取向而城市历史文脉的继承与创新可作为一种衡量标准，自始至终贯穿于城市环境改造设计的前期认识过程、具体设计过程以及使用评价（估）过程之中。场所文脉主义是城市环境改造设计中的一个十分重要的方法，对延续城市历史文脉、增加城市文化的认同或加强城市的形象特色的作用是显而易见的。改造过程的具体操作又存在着不同的方法和手段，因势利导、兼收并蓄，创造多元共存及个性特色鲜明的具有可持续发展能力的城市环境是我们共同追求的目标。

课后思考题：

　1.实践类题目：基于×××校园环境的认知地图研究。

　2.简答题：

（1）阐述感觉与知觉的关系。思考在园林设计中如何更好地表达多种感觉。

（2）环境心理学常用的研究方法有哪些？并具体谈一下观察法的操作步骤。

电子数据资源材料：

（1）视频资料：丽水市花园路改造情况（http://www.lsol.com.cn/html/2014/laobaitantian_0809/189851.html）；

（2）视频资料：北京拥挤的地铁；

（3）视频资料：火车道上的集市；

（4）视频资料：世界上最美的拥挤岛；

（5）视频资料：北京的南锣鼓巷主动撤销3A级景区。

<<< 第三章　关于行为

第一节　人—行为—环境的关系

一、人与自然环境之间的关系演变过程

在原始发展时期,人类崇尚依附于自然,匍匐在大自然的脚下;在农业文明时期,人类利用、改造自然,对自然进行初步开发;在工业文明时期,人类控制、支配自然,以自然的"征服者"自居。尤其到了近代,人类开始直观地认识到人的生存与发展不仅依赖自然的赐予,还依赖自己对自然的改造。为了有效地"改造自然",人们不惜把对自然规律的"正确认识"瞧得轻而易举,并加以夸大与绝对化。随着对自然控制与支配能力的急剧增强,以及自我意识的极度膨胀,人类开始一味地对自然强取豪夺,从而激化了与自然的矛盾,加剧了与自然的对立,人类也不得不面对人口剧增、能源短缺、臭氧层破坏、全球变暖、大气污染、水资源缺乏、森林锐减、土地沙化、水土流失、物种灭绝等生态危机的种种现实。人与自然的关系经历了以下4个历史演变过程。

1.原始时期

自然:荒凉、冷漠、恐怖、神秘。

人类:被动的依赖,充满恐惧、敬畏、崇拜之情。

生存:狩猎、采集。

人类对于大自然处于感性适应的状态,人与自然环境之间呈现为亲和的关系。

2.农业文明时期

人类:自觉主动地利用、开发自然。

生存:以农耕经济为主。

人与自然环境的关系从感性适应的状态变为理性适应的状态,仍保持着亲和的关系。

3.工业文明时期

人类与自然:理性适应的状态更为广泛、深入,早先的亲和关系转变成敌对关系。

生存:以工业为主。

奥姆斯特德——开创自然保护和现代城市公共园林的先驱者之一。

霍华德——"田园城市"理论。

4.现代文明时期

人类与自然：理性适应的状态逐渐升华，由前一阶段的对立、敌对关系逐渐回归为亲和关系。

人惧于天——传统的农耕生产与文明。

人定胜天——盲目的工业生产和精神膨胀。

天人合一——生态优先的理性生产生活方式。

从人类生产生活的行为史中可以看出：

在环境、行为和心理三个层面中，行为作为承启层面，具有较强的执行功能，行为是"环境"与"心理"沟通的桥梁。

人的行为是出于对某种刺激的反应，而这种刺激可能是机体自身产生的，如动机、需要与内驱力，也可能来自外部环境。

自身需求往往会形成行为产生的源动力，例如，感到饥饿就会去找食物；感到口渴就会去找水喝。而吃什么喝什么就属于外部环境条件了，比如在你步行范围内有什么吃的，你的收入如何，这些都会影响你的行为，从而产生出不同的结果。

行为是由机体产生需要并由外部环境引导产生的最终结果。而由外部环境引导刺激机体需要并反射于外部环境则产生行为结果。比如大海—蓝色—亲近—游泳或聆听等。

二、人–行为–环境的关系

人–行为–环境的关系从心理与社会发展的角度分为进化论、美感、改造及经营四个层面。

(一) 进化论

西蒙兹在《景观设计学》中曾阐述道：我们的祖先和我们一样是生活在草地、森林、海洋和平原的动物，我们从本性上渴望吸入新鲜的空气，脚踩干爽的路面，沐浴温暖的阳光，人生来喜欢泥土的芳香、绿叶的清新、天空的蔚蓝和宽阔。内心深处，我们向往这一切，它时而强烈时而沉寂，但从未消失。

而中国的诗人、画家、书法家等文人墨客喜欢游历名山大川，去追寻"陶渊明"式的恬静自然生活，从而繁衍出中国民众的中隐人生观。如《知北游》中：山林与，皋壤与，使我欣欣然而乐也。

考察当下的旅游行为，人们喜欢去自然度高的风景区，比如西藏、海南、云南等地的景点，在这些地方人们渴望看到最原生态的景观和人文，从而感悟生命的历程。人在心理层面上都是渴望自然，在行为上对于自然度高的场所都有较强的亲近力和共鸣性。

如今的景观设计已从原来跟从建筑学流行的"北美风情""欧陆风情"之类的设计风格逐步转向"自然化"的景观设计手法。这一点说明了人类本质的动物属性是其在环境中最基本的行为动因。

案例1 四川都江堰广场

都江堰市（原灌县），因有两千多年历史的大型水利工程都江堰而得名。该堰是我国现存的最古老而且依旧在灌溉田畴的世界级文化遗产。广场所在地位于城市中心，柏条河、走马河、江安河三条灌渠穿流城区，同时城市主干道横穿东西，场地被分为三块。

一些场地问题的分析如下：

（1）城市主干道横穿广场，将广场一分为二，人车混杂（见图3-1）。

（2）分水的三个"鱼嘴"没有得到充分的显现。鱼嘴"是都江堰的分水工程，即用鹅卵石堆砌得像鱼的嘴一样的大坝，因其形如鱼嘴而得名。

（3）渠道水深流急，难以亲近，其中一段被覆盖。

（4）广场被水渠分割，呈"四分五裂"状。

（5）局部人满为患，而大部分地带却无人光顾。

（6）多处水利设施造型简陋。

（7）大部分地区为水泥铺地，缺乏景观特色和生机。

（8）周围建筑既无时代气息，也无地方特色。

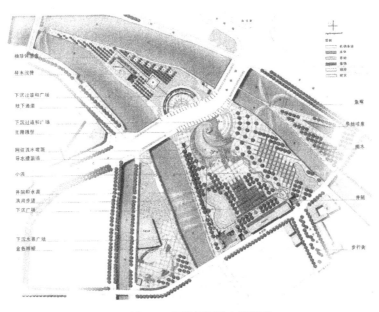

图3-1 四川都江堰广场平面

设计构思来源之一：地域自然与人文景观研究和历史阅读

地文化挖掘——水文化之精神

1.地域景观：天府之源——自然与文化景观格局

2.阅读历史：饮水思源——以治水、用水为核心的历史文脉及含义

（1）治水的渊源

（2）种植文化

（3）植根古蜀的建筑技术

（4）石文化

（5）水的其他衍生文化

案例2 沈阳建筑大学校园环境设计

设计时间：2002年3月—2003年10月

建成时间：2004年

在这里，稻作大田本身作为审美和实用的对象，是一种白话的景观；在这白话的校园景观背后，不是士大夫矫情的诗意，而是设计者对严酷的中国人地关系危机和粮食安全危机的直白态度，当然也不乏新的、寻常景观的诗意。

在沈阳建筑大学新校园里，设计师们用东北稻作为景观素材，设计了一片校园稻田。在四季变化的稻田景观中，分布着一个个读书台，稻香已融入书声。设计者用最普通、最经济而高产的材料，在当代校园里，演绎了关于土地、人民、农耕文化的耕读故事，诠释了"白话"景观的理念，也表明了设计师在面对土地危机和粮食安全危机时所持的态度。

以下几个方面为设计提供了限制（挑战）和条件：①新校区土地原本是农业用地，以种植东北大米稻禾著称，土地肥沃，地下水位较高，取水方便，为作物和乡土物种的生长和繁衍提供了良好的基础条件；②校园为一全新设计，建筑师已经为新校园设计了一个由9个方院构成的严谨的现代建筑群；③校方希望在最短时间内形成新校园的景观效果；④投资非常有限，要求设计者必须用最少的投入，形成独特而实用的校园景观。

这些机遇和挑战，注定了稻田将是一个最适当的景观战略，原因如下：

（1）稻田最适宜于在本地生长，而且东北稻有150~200天的生长期，可以有较长的观赏期。

（2）稻田的建设和管理成本低、技术要求低，比传统校园的花草管理还要简单，几个普通农民就能很好地完成从播种到收割的全过程，而且还可以增加收入。

（3）见效快，几个月内就可以形成随四季交替变化的稻田景观。

（4）有特色，符合场地特点，可以形成独特的稻田校园。

（5）具有深刻的教育和文化意义。经过3年的春种秋收，现在的沈阳建筑大学已经

围绕校园稻田形成了独特的校园文化。中国农耕文化,包括二十四节气在内,在师生的劳动参与和季节变换中得到了活生生的展现。校园的插秧节、收割节、接待中学生参观稻田等,已成为校园文化的一个重要组成部分。最近,校园稻田还被沈阳国际园艺博览会作为博览园的一个部分展示。

(6)"建院金米",年产近万斤的稻米收获,被包装成学校的纪念品,深受国内外嘉宾的喜爱。袁隆平院士为之题词曰"校园飘稻香,育米如育人",可谓意味深长。

设计特点如下:

(1)大量使用水稻和当地农作物、乡土野生植物(如蓼,杨树等)为景观的基底,显现场地特色。不但投资少,易于管理,而且能形成独特的、经济又高产的校园田园景观。在大面积均匀的稻田中,便捷的步道串联着一个个漂浮在稻田中央的四方的读书台(见图3-2),每个读书台中都有一棵大树和一圈坐凳,让书声融入稻香(见图3-3)。

图3-2 沈阳建筑大学稻田步道　　　　　图3-3 沈阳建筑大学稻田读书台

本设计中,园林结合生产有了新的解释。在一个大城市的建筑大学里,对大多数来自城市的学生来说,自然和耕作是那么遥远。他们对农作物的播种、管理和收获感到陌生,他们甚至不知道农作物和乡土物种的名字。该校园的环境设计力图使当代学生有机会回到真实的土地,感受农作物的自然生长和管理、采收过程,使学生在学习课本的间接知识的同时,也能从真实世界中获得真知。

(2)便捷的路网体系。遵从两点一线的最近距离法则,用直线道路连接宿舍、食堂、教室和实验室,形成穿越稻田和绿地及庭院的便捷的路网。对学生来说,时间的珍贵不仅体现在深夜通明的图书馆和教室里,也体现在宿舍、食堂、教室三点一线上的匆匆行路中。古典园路的蜿蜒曲折和曲径通幽不是不美,而是不太符合时代快节奏的脚步。

在一些细节的处理上,也体现了景观设计对自然和生态的关注,如3m宽的水泥路面中央,留出宽20cm的种植带,让乡土野草在这里生长(见图3-4)。同时,园区也充分考虑了自行车的便捷通道。

图3-4 沈阳建筑大学道路种植带

（3）空间定位：重复的9个院落式建筑群，容易造成空间的迷失，景观设计需要解决这一问题。为此，应用自相似的分形原理，进行9个庭院的设计，使每个庭院成为独具特色的空间，使用者可以通过庭院的平面和内容，感知所在的位置。每个庭院中都有一个用于标识所在教室专业特色的雕塑和小品。这些小品设计的灵感来源于各个专业的实验室器材、机械及其他相关特征。连续的直线形步道通过两侧的白杨林行道树被强化，成为连接庭院内外空间的元素（见图3-5）。

图3-5 沈阳建筑大学庭院景观

（4）通过旧物再利用，建立新旧校园之间的联系。把旧校园的门柱、石碾、地砖和树木结合到新校园环境之中，使历史的情感得以延续，使校友回母校时有亲切感，使学生在平常的学习活动中，感受到母校历史的延续（见图3-6）。

图3-6　沈阳建筑大学建筑材料的再利用

（5）将农业与劳动教育融入一所建筑大学的校园绿化，时刻提醒我们的年轻一代：粮食和土地永远是中国这个14亿人口大国的头等大事。快乐的劳动已成为校园的一道风景，收获的稻米（建大金米）目前已被作为学校的礼品，赠送给来访者。

结论：本项目强调了现代景观的简约和功能主导性，体现了设计者一贯主张的设计思想，即白话的景观与寻常之美；歌颂土地之美，用最经济的途径，实现当代中国最迫切需要的绿化和美化；重拾起园林结合生产的精神。

获奖情况：美国景观设计师协会设计荣誉奖（2005，ASLA Design Honor Award）。

2.美感——需求

在基本的需求得到满足后，人的行为由必要的生活性慢慢转化为有选择的生活性。在选择行为的过程中，人们从自身机体和自然界中不断寻找美的规律和秩序。于是，数列、对称、黄金分割比之类的形式关系受到了大众的认同，成为美感的内在定律之一。

人的行为具有大众的审美选择性。我们不只满足于大自然提供给我们的栖息地，还会根据自己对美感的意识来进行相应的改造，以满足自己的审美需要。设计中我们强调比例、序列、节奏、对比、均衡等组合方式的重要性，正是源于人类长期以来所积累的美感体验。

3.改造

众所周知，从猿到人的进化，是以使用生产工具为伊始。促使人类使用生产工具的过程是人类为了更好满足生存需要。从生产工具的发展过程如石器时代、铁器时代、机器时代等，无不证明了人—行为—环境关系层面的变革。生产能力越强，其环境的改造力就越强，人与环境的关系从畏惧到占据发生了质的变化，这也是人类本质的属性之一。

对身边的环境进行个性化的改变，可以使环境产生亲切感和附属感，这在一定程度上满足了人类对于安全感和归依感的心理需要。

常言道："金屋银屋不如自己的茅屋。"就是因为别人的屋子缺乏带有自己个性暗示的环境陈设,即便再豪华也无法产生亲切温馨的感觉。

某些词汇:外国人、流浪汉、陌生人、入侵者、外来务工人员等,强烈地暗示了不确定或带有陌生感的环境属性,给人以不安全感、紧张或恐惧的心理。同样,环境中某一可识别性的景观如果长期与人发生关系,这种熟悉感会带来感情上的个性相通。比如,提到西湖,杭州人就会自然地想起家乡,产生亲切感。

4.经营

在人类改造环境程度日益加剧的过程中,环境对人类的生产生活产生了明显的负效应。随着人类认识自然环境和社会环境的深入,不少学者发现越来越多的生态问题引发了人类的生存危机。

从《寂静的春天》《设计结合自然》至今,经过半个多世纪的研究与讨论,由环境危机而引发了生态学科的发展,如今的生态学领域涉及了生产、生活的方方面面,在深度和广度上有了明显的扩展。于是强调"人不是环境的主宰、人应与环境和谐共处"的呼声唤起了人类共同的认知。

在环境规划设计中,大至项目的总体生态性规划;中至节能型的设计、雨水收集系统的设计、废水的利用、多物种的共生关系等;小至雨水花园的设计、生态材料的大量运用等。这些无不证明了"经营"环境在设计中的比重日益增大,景观规划设计从传统的功能性、审美性等设计因子方面,又增加了生态性原则,使得设计手法与设计形式更趋于多元化。

案例:四川省成都市活水公园

建成后的成都活水公园占地2.4公顷,作为成都市民日常生活、休闲的公共空间,不仅开辟了国内活水公园的先河,而且还荣获过世界城市水岸设计和保护评比的最高奖项。可是当时这座公园取名为"活水公园"还引起了社会各界广泛的争议。因为人工湿地在国外主要用于治理河道、湖面甚至是工业、农业以及城市污水。和一般的水治理方法相比,人工湿地最大的缺点是占地面积大,但是如果应用到城市绿地和景观当中,这一劣势反而成为一个卖点,不仅给城市增加了绿地面积,而且还改善和美化了生态环境,具有操作简单、维护和运行费用低廉等优点。人工湿地系统是一个完整的生态系统,在处理了污水的同时,还能种草养鱼,用鲜花绿叶装饰环境,把清水活鱼还给自然(见图3-7)。

图3-7 成都市活水公园

　　成都活水公园最大的特点就是引入了人工湿地，模仿湿地的构造方式和特点，用于园中净化水质，做到水体的循环利用。这座以水为主体的城市生态环境公园的设计秉承了"天人合一"的东方哲学和"人水相依"的生态理念，以"鱼水难分"的象征意义，将鱼形剖面图融入公园的整体造型，喻示着人类与水和自然"水乳交融"的依存关系。

　　这里不仅引入了全新的生态工程，而且这些生态工程在园林景观中得到了巧妙应用。整个公园的园景设计遵循生态与美学统一的原则，把功能设施与景观设计结合起来，主题鲜明、设施完善。

　　走入公园，一股自然、清新之气扑面而来，三五成群的人们聊天、品茶、对弈，自得其乐。这一区域以自然山石、野生花草表现优美的自然形态，唤起人们对大自然的美好向往，反映自然未被"现代文明"污染前的状况。自然的河堤、清澈的流水，绿茵的草地和葱茏的丛林，其间设有音乐广场、休息亭廊，让人们充分体验回归自然的美景。

　　公园的"鱼头"部位则反映自然环境被破坏、污染时的状况（见图3-8）。通过仿古木制水车从府南河中抽取源水至"鱼头"部地下厌氧化处理沉淀池，源水沉淀后通过自然下落曝气再进入生物净化塘。鱼头顶部设具有四川民居特点的穿斗构架临水建筑小品，其余部分设有各种生物图案及环保教育小品，表现自然与建设的矛盾关系，引起人们对环境的重视。鱼头部位地下设有环保教育馆，作为环保教育展览及水净化监测场地。

图3-8 成都市活水公园"鱼头"部位

活水公园中，水的净化主要由6个植物塘和12个植物床组成，形状仿佛五彩池般（见图3-9）。走近一看，水面上漂浮着浮萍、凤眼莲、荷花等水生植物。这些植物塘里还存在着大量的微生物及原生物，这些人工湿地塘床好似一个个生态过滤池，利用水的自然落差，通过植物、鱼类吸收转化而实现净化的水质目的。植物种植塘床的鱼鳞式形式模仿黄龙寺"钙化盘"造型，呈自然生长状。经过多级过滤、吸收、转化为较清洁的水质。同时也有利于促进这个系统内植物的生长。这个独具特色的人工湿地塘床系统，就是人工湿地生物净化系统部分中处理污水工艺的核心部分了。

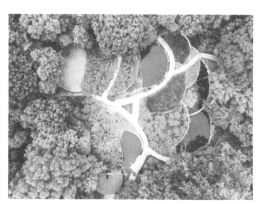

图3-9　成都市活水公园植物种植塘

掩映在一片竹林背后的是一个养鱼塘，也叫做人工湿地塘。水塘的中间停着一艘小船，船上开满了金黄色的小花，这一景观有个好听的名字叫做"鱼塘花船"。当污水经过这个人工湿地塘床系统净化后再次经水流雕塑充分曝气、充氧，水质就可以全面达到一般鱼类保护区及游泳区的水质标准了，此类水质可作为公园内的绿化和景观用水，同时该系统还能自动排出鱼塘系统观赏鱼类的鱼粪。这个养鱼塘里养殖的鱼类、水草，在供人们观赏的同时，还可以起到对生物监测的作用。

河水经过生物净化后的运用状况，位于"鱼"的尾部。清洁的水通过臭氧氧化塔进行消毒处理后，经卵石铺地的小溪流入戏水池，成为水流雕塑。独具匠心的这组雕塑由一整串石雕组成，设计者利用曝气充氧的生态学原理，增加了水中溶解的氧含量，孩子们来到这里总喜欢光着脚丫沉浸在这欢快的浪花之中。这组雕塑为喜欢水的都市人提供了戏水、亲水的活动场所，人们在这里走进了大自然，融入了大自然，体验大自然带给我们的清纯、美妙……

沿着小径，曲径通幽，映入眼帘的是一个用防腐木搭建的半圆形广场，这里是活水公园的环教广场，广场的中央是一个高出地面的小舞台，人们可以在这里举行各种小型的演出活动。在阳光下，在环教广场上观看各种演出和讨论民生趣事，颇有些像古希腊的"阳光广场"。

清澈的溪流、观鱼池、戏水池、露天演出场等,让人深深地陶醉在美妙和谐之中,更是在不经意间阅读了水由"浊"变"清"、由"死"变"活"的过程。不仅如此,园内还有很多残障设施,更是充分体现了设计的人性化,这种将现代生态学意识和成都府南河畔的环境特点以及中国古典园林意境三者巧妙融合而形成的城市生态景观公园,让我们体会到景观设计中"虽为人为,宛若天成"的造园思想。更重要的是,人工湿地生态系统的引入既改变了人们的生态观念,也改善了水生生物协调发展的自然景观,而且还倡导了保护环境、尊重自然的新的生活理念。游憩其间,不仅了解了自然生态和环境保护知识,感受人与自然共融的和谐,而且还唤起了人们保护自然生态环境的意识。

三、人的基本需要

为了理解人在环境中的行为,有必要对人的基本需要与内驱力作初步了解。

马斯洛的层级论:美国人本主义心理学家马斯洛(Mallow, 1943)提出了著名的个人需求金字塔的五个层级理论,人的需求有一个从低到高的发展层次。

(1)生理需要(physiological needs):是对食物、水、氧气、睡眠的需要,如饥、渴、寒、暖等。

(2)安全需要(security needs):包括生理上的安全与心理上的安全。如安全感、领域感、私密性等。

(3)归属与爱的需要(社会需要)(affiliation needs):被集体所接受,得到情感的呵护,能感受到爱。如家庭、亲属、好朋友、某一小团体等。

(4)尊重的需要(esteem needs):如威信、自尊、受到别人的尊重等。

(5)自我实现的需要(actualization needs):如自我的发展与完善、个人潜力的发挥等。

在人的发展过程中,只有在低一级的需要适当得到一定的满足之后,比它高一级的需求才能出现。每一低级的需要并不一定要完全满足后,较高一级的需要才出现,从低到高的人的基本需要满足的过程就像波浪式演进的过程。

户外空间的景观设计应主要满足人的生理需要、安全需要和社会需要。

基本需要的影响因素为:人的基本需要的最终实现,受影响的因素主要表现在生理、文化、社会和经济这几个方面,也正是这几个方面的影响,形成了人的多样性,也使人除了自身的生理属性(动物性)外,还具有社会性、经济性和文化性等特征。

四、人的户外行为活动分类

(1)必要性活动:各种条件下都会发生(日常工作和生活事务),如上学、上班、购物、候车等。活动的发生很少受物质构成的影响,相对来说,与外部环境关系不大,参与者没有选择的余地。

（2）自发性活动：只有在适宜的户外条件下才会发生。例如，散步、驻足观望有趣的事、晒太阳、呼吸新鲜空气。娱乐消遣活动，特别有赖于外部的环境条件。

（3）社会性活动：在公共空间中有赖于他人参与的各种活动。例如，儿童游戏、打招呼、交谈、公共活动、被动式接触等连锁性活动。

当户外空间质量好时，自发性活动的频率会增加，与此同时，社会性活动的频率也会稳定增长，必要性活动发生的频率基本不变，但有延长时间的趋向。人们在户外逗留的时间越长，他们邂逅的次数就越高，交谈也就越多。空间边界效应、局部隐藏。各种不同类型的活动决定了人们对室外公共场所的空间依赖性不同，同时也决定了在外部环境设计中应针对不同的类型活动，提供不同的环境设施。

第二节　领域行为的空间层次

一、概　述

人的领域行为在空间上可以分为三个层次：微观环境行为、中观环境行为和宏观环境行为。领域性是研究行为尺度的重要概念。领域性是从对动物活动的行为规律研究发现的。领域性是一个非常广泛的现象，它既发生在大尺度的环境中，也发生在我们身边。国与国之间需要勘定明确的边界，否则摩擦不断甚至导致战争。在日常生活中，如果有陌生人未经允许擅自闯入你的办公室，或是有人占用你的桌子，你定会感觉不快。生活里到处都有领域性行为，一旦意识到它，你会发现它无处不在。

（一）领域性的概念

领域性是指个人或群体为满足某种需要，拥有或占有一个场所或一个区域，并对其加以人格化和防卫的行为模式。该场所或区域就是拥有或占用它的个人或群体的领域。领域性具有排他性，具有控制性，还具有一定的空间范围。

（二）领域的类型

阿尔托曼（Altaman）依据领域对个体或群体生活的重要程度而划分出人类使用的领域的三种不同类型：主要领域、次要领域和公共领域。

1.主要领域

主要领域由个人或小群体所有，如家、房间、私家花园、办公室等。特点是：相对持久地拥有；使用者生活的中心；极度个性化；有完全的控制权；可限制别人的进入；被闯入是严重的事件。

2.次要领域

次要领域相对主要领域来说不那么具有中心感与排他性，但它还是有属于一群人常去之地的感觉,如私人俱乐部、老年人活动场、校园绿地等。特点是:没有所有权,只是使用者之一;一定程度的个性化;有一些管理权。

（3）公共领域

公共领域如电话亭、公共汽车上的座位、公园、步行街、沙滩、城市广场等,它们的特点是:没有所有权,只是暂时的占有,一旦离开就对它失去了控制;只是众多使用者中的一个;有时能暂时的个性化;不能实施控制;几乎没有防卫可能性;使用者不会因为他人的占用而采取强硬措施。

可以看出,园林环境主要属于公共领域的范围,对其公共领域中的边界、中心、人群特征、使用状况等方面的研究是园林环境领域性研究的重点。

(三) 领域行为的空间层次

（1）微观环境（microspace）,又称个人空间,属于机体占有的围绕在自己身体周围的一个无形空间,如果受到别人的干扰,就会下意识地积极防范。个人空间可以扩大为一个领域单元,如一间私密性的房间、一张桌子周围。它随人的身体移动而移动,具有伸缩性。

（2）中观环境（mesospace）,是指比个人空间范围更大的空间,可能是个人的,也可能是群组的、小集体的,属于家庭基地与邻里。它属半永久性,由占有者防卫。在此领域内的时间大部分用于食宿等日常生活。

（3）宏观环境（marcospace）,是指机体离家外出活动的最大范围,属公共空间,交通越方便,这个范围越大。但通常也只局限于一定的范围,如街区、城市等。

二、微观空间行为——个人空间

(一) 个人空间的特征

（1）无形的、不见边界的,以个人为中心的（提及个人空间,首先想到的是自我）。

（2）可移动的,并依据情境扩大和缩小的领域;不容他人侵犯。

（3）个人空间是最个性化的,使用率高的个人空间常常会被赋予情感的记忆标示。

（4）以人的基本需要的构成关系而言,个人空间是以安全性、私密性为前提的,在其需要得以满足后再考虑如舒适性等方面的需要。

(二) 个人空间的尺度

许多学者倾向于把个人周边空间比作各种类型的气泡。人体周边最小的"气泡"空间是领域空间的最小单位,是最不可侵犯的空间,也是人体的最基本的安全空间。"气泡"最小在什么范围内能形成对人体不具侵犯性的安全空间呢?日本学者高桥鹰志结合人体工程学的研究成果,认为人体最小"气泡"在直立伸手可及,即80cm的范围内,是最不具侵犯的空间,其空间安全性最高。

日常生活中,在公交车座位上同排就座的两个陌生人基本都尽可能保持最大空间距离,其物品不会放置在共享的空间中;在拥挤的电梯和公交车上,在无法保证80cm这一空间安全性尺度的情况下,人与人之间都会尽量避免视线的对视,并会很注意周边的情况,以在心理上寻求个人的安全性。

1970年,Horowitzt等人设计了一个男人、一个女人的半身模型,让被试者从前、后、左、右和对角线等不同方位对模型靠近,从而研究被试者最接近模型的位置。记录这个距离,随后通过记录的整理绘出一个图形。由图形可见,个人空间前面较大,后面次之,侧面最小,说明从侧面更容易接近他人。

这个交往过程中的气泡可以被看作是针对来自情绪和身体两方面的潜在危险的缓冲圈,以保护私密性或避免遭受过多刺激和身体受到侵犯。1966年,Edward Hall对美国中产阶级进行了观察,在他的"Hidden Dimension"(隐匿的尺度)中得出人在社会交往中有四种距离:亲密距离、个人距离、社交距离和公众距离。

(1)亲密距离(intimate distance)(0~0.45m)。在这个距离,双方都能清楚地看到对方的面部,可以感受到对方的呼吸、气味和体温等额外的信息。这种空间距离只出现在关系亲密的人之间,如父母与子女、夫妻、恋人;否则彼此会有强烈的压迫感,不适合于一般的社交场合。

(2)个人距离(personal distance)(0.45~1.2m)。这种距离仍属易触的范围,但嗅觉、体温和细微的视觉线索减少,个人得以更了解他人身体其他部分的动作或约半身的视觉影像。其一般是与朋友交谈的距离,因此常态性的碰触通常会被允许。

(3)社交距离(social distance)(1.2~3.6m)。接触双方不扰乱对方的个人空间,面部细节被忽略;较近的距离(1.2~2.1m)用于一起工作或进行非正式事务的人之间,如谈判和商业接待中多是这种距离;较远的距离(2.1~3.6m)使人必须提高音量,是在较正式的事务或社会互动所使用的。

(4)公共距离(public distance)(大于3.6m)。这种距离是非常正式的距离,交往不属于私人空间,细节看不清楚,多用于单向交流。处于该距离的人,可以轻易地采取躲避或防卫行为。多出现在陌生人之间或正规场合,如集会演讲。

人们的交往程度决定了人们之间的各种距离关系,最终决定了环境的空间尺度的布局,因而是空间尺度设计的基本依据。

(三)个人空间的变化因素

个人空间的变化因素有文化与种族、年龄与性别、亲近关系、社会地位、个性、环境、情境。把文化差异总分为两种:①接触文化,如地中海、阿拉伯和西班牙等,这些地区的人在人际交往中离得更近,交往中有更多的身体碰触和眼神接触;②非接触文化,如北欧和高加索地区,他们的人际互动表现出更大的人际距离。英美人对于身体接触十分敏感,通常都极力避免,他们忌讳在拥挤的公共汽车或地铁、火车上与陌生人的身体有长时间的接触,从人堆中挤过去更是大忌,而且被认为是极不礼貌的。在泰国这样的佛教国家,孩子的头是绝对不能抚摸的,他们认为头是一个人最神圣的部位,随意触摸他人的头部是极大的不恭,小孩子的头只允许国王、僧侣和自己的父母抚摸。

个人空间随年龄增长而扩大。女性的个人空间一般比男性的要小。亲近者与陌生者之间的距离是不同的。地位越高的人常常使人有一种难以接近的感觉。性格内向的个体所需个人空间比外向的个体大。个人情绪好、心情舒畅时容易"平易近人",情绪烦躁时则"咄咄逼人"。

三、中观空间行为

中观空间行为是指比个人空间范围更大的空间,可能是个人也可能是群组的、小集体的。它属半永久性,由占有者防卫,在此领域内大部分时间用于食宿等日常生活。个人空间是随个人而流动的,但家庭基地则相对稳定。

人是要群居的,多数住宅均成团、成组出现,相互有个照应,给人们以同属于这一组团的感觉,由此形成组团式住宅的模式(原始部落、农业社会中的村落、现代城市里的邻里街坊)。

中观环境行为包括家与邻里两个层次。

(一) 家

家比起一座住宅或公寓里的一套房子,寓意要深得多。对于个人或家庭成员来说,"家"是有情感色彩的,它是个人世界的中心。在人们的意象中,家往往既是行动的出发点又是归宿点。人是由家出发去接触认识整个世界,最后很可能又回到自己家所在的故土,度过最后的晚年。当人们离开了家才会倍感家的温暖,在旅途上的人更理解家的含义。一个人如果真失去了家,就会有一种没有归属的空虚感。

1.个性化、特色

装修从风格上分类,可分为现代简约风格、田园风格、后现代风格、中式风格、地中海风格、东南亚风格、美式风格、新古典风格、日式风格、古典风格等。

人们对自己的家要求有个性化并会进行必要的防范。个性化不仅表现在室内陈设上,在财力许可的条件下,也会想方设法表现在住宅的外部。在"千篇一律"中有"千变万化",而并非千人一面。

2.安全防卫

家要有安全感,要有私密性。从领域性原则看,只要个性化了的地方都由个人或小组加以防范,由此边界就十分重要。篱笆、铁栏、围墙都是边界的标志。家的安全体现在大门的不可侵犯性。

不同文化的住宅对安全与私密性的要求程度是很不相同的。例如,中国的四合院,要求私密性程度最高;英国则在住宅基地外围设有低栏杆围合;美国的不少住宅用开敞式平面围以大玻璃,有的基地周围不设栏杆。

(二) 邻居

邻居就是住在你隔壁或邻近的人。与亲戚朋友不同,亲戚是有血缘关系的,朋友是可选择的,而邻居往往不能选择,也没有什么既定的关系。

朋友与邻居两者间至少有三点区别:

(1) 邻居是彼此住得很近的,朋友可能住得很远,分散在城市中的各个地方;·

(2) 邻居间并没有很亲密的个人关系,好朋友则有很深的私交;

(3) 邻居同处于一个邻里中,具有一定的集体与社会含义,但一旦搬了家,这种关系也可能就此中断。

(三) 邻里

邻里是指带有集体性的家庭基地,是一种地理上的空间。进入邻里人们会有到了家的感觉,给人以温暖感。作为个人来说,家是邻里的中心。

邻里植根于过去,那时以手工业、商业为基础的城镇,往往被划分为不同的地区以及住宅里坊。中世纪欧洲的城市有屠宰场、肉市、银匠、铜匠、铁匠集中地,亚洲也类似,当时邻里之间形成了某种功能上的内聚力。"前店后宅",或下面是手工业作坊,上面是住宅,工作地点与居住地点很近,同行业会保护他们的共同利益。

中国古代城市居住区在唐朝的长安以前就盛行坊里制,每个坊有坊名、坊门、坊的外围有夯土墙围合,因此也有很强的邻里感。北京的胡同、上海与天津的里弄感也非常鲜明。

邻里关系意味着各个住户都是邻里中的一个成员,参与邻里中的一些共同活动。邻里应有一定的边界,在此边界内的住户既有一定的共同利益,也有一定的归属感和认同感。

一般邻里要维持两方面的平衡:其一,住宅要有自己的私密性;其二,居民在相互尊重各自私密性的前提下,有相互间的交往接触与支持。邻里中的各家各户彼此认识,见面打招呼,相互尊重各自的权益。

有些地区邻里住户间只是点头、打一下招呼而已;有些地区关系很亲近,经常有交谈、相互帮助;有些妇女还常在一起议论、交换信息,有时某家出了事,邻居们也会去安慰照顾。

一般在出现危机时,邻里住户间为了捍卫共同利益,相互间的关系会达到高潮。

Keller 于 1968 年在《城市邻里》一书中对邻里住户活动做了以下五点说明。

(1) 内容:在危急情况下能相互帮助,交换信息,尤其是与大家的共同利益有关的问题。

（2）优先程度：在农村中邻里住户似乎没有亲戚重要，但比朋友重要。城市化后亲戚还是重要，但朋友比邻里住户更重要。

（3）交往程度城市化后，邻里住户的关系减弱了。

（4）幅度与深度：绝大部分城市居民，与邻里住户不甚相熟，邻里住户间关系也不很亲近。

1962年，有学者把英国的邻里住户间的关系按其深度依次排列了一个顺序：其中以在村落中邻里间关系最强，城里有较长的历史的工人居民区次之，最弱的是新区，尤其在那些个人拥有独院型住宅的居住区中，邻里住户间的关系非常微弱。

（5）邻里住户间接触频率：城里比乡下低得多，城里的邻里住户可能在家中、在街上、社区设施中，如学校、商店中相遇。城市里的邻居，是最熟悉的陌生人。

（四）邻里单元

邻里单元是近代城市规划中的一个重要概念，是指在城市中一个比较小的、可被识别的、低层次的单元，存在于居民的住宅与城市之间。从古典的观点看，一个邻里是一个在物质空间上有所限定的整体，其中设有一些低层次的、以满足居民日常需要的服务设施，住在邻里单元的居民有一种社区的感觉。

"邻里单位"：1929年美国人C.A.佩里，以小学的合理规模来控制"邻里单位"的人口和用地规模；内部设置服务设施；不同阶层的居民居住在一起。

小区规划：邻里单元为小区的"细胞"。邻里单元的规划思想首先强调的是安全与满足居民的生活需要。邻里单元有一定的边界，一般情况下边界由主要车行干道构成。边界以内的交通道不是可穿行的，交通量不大，只是为了到达服务中心或住宅而设的道路。

邻里单元内的汽车由于车行道的相对曲折必然减慢速度，汽车的使用只是为了到达或离开邻里。人们去中心步行比坐车更方便，因此也就不再使用汽车。地区内的商店与小绿地、商场直接为居民服务。由于大家共同使用，彼此经常接触，邻里中的居民就能逐步产生一种归属感。

有些研究把对邻里的满意程度与环境中的一些变量联系起来。交通量、邻里中服务设施的质量、邻里规模的大小是十分重要的参数。

有学者认为理想的邻里规模应由5000名居民组成，居民中包含有各种年龄与社会阶层的组成。5000人这个数字主要是考虑在邻里中能支持一所中心小学，而小学与最远的住宅间的距离都在步行距离以内。为避免学校设施的重复，有的邻里常设计成10000人的规模，其规模基本上取决于支持一所小学最为恰当的居民数。

实际观察访问得出小邻里的集体，一般不超过8~12家，这是居民通过彼此之间的关系所能测出来的最大数量。

邻里的衰退。传统城市的邻里关系,在20世纪后期的城市居民生活中的实际重要性已大大减弱了。

私人小汽车的普及、通信工具的便捷,导致个人活动空间不断扩大,与其朋友能够方便地联系,进而形成整个社会的高度流动性。居民居住的地点与其经常活动的地点可以分离;居民的社交圈基本上是朋友而非邻居,结果必然导致邻里活动的衰退;现代的年轻人独立性更强,大家庭血缘关系的瓦解,加上城市规划中的建筑分区条例,把工作、居住、娱乐的地点都分开了,使邻里不再成为个人生活中的主要要素。

上述现代城市生活的实际变化,已使对邻居的依靠越来越少,邻里间的关系已日益淡薄,只有在某些紧急情况下才有所体现。

许多调查的实例生动地说明对旧区集居是否拆毁,也需持审慎的态度。应注意研究他们的生活习性,因为住在那里多年的居民对城市中的老街、老房子都是有情感上的联系。早期城市更新计划只注意物质环境的改善,而对于居民的这种情感上的联系未予重视。

邻里意识的复活。社区里设有烧烤区、溜冰场、儿童游乐区、免费会所等,这些都是为了能够让业主通过接触增进感情。

宠物家长会、妈妈会、车友会、读书会等,业主们通过这些沙龙来获得交流。

实例分析①:居住区中的中心花园

居民心理:久居高楼,邻里互不往来。渴望走出楼门,进入小区中心花园呼吸新鲜空气,接触自然,在开敞空间内与邻里友好交往、游憩,并进行各种康体休闲活动。

居民行为:经常在中心花园进行各种相关活动。

实例分析②:户外空间的设计

康体设施的设置——康体休闲行为的产生。

儿童游戏设施的设置——儿童的游戏行为。

开敞空间的设置——各种类型的集会行为。

私密空间的设置——恋人的幽会。

四、宏观空间行为

宏观空间是指机体离家外出活动的最大范围,属公共空间,交通越方便,这个范围越大。

一般来说,一个人的宏观空间不会无限制地扩大,只限于一定的空间范围,往往是指一座城市。

凯文·林奇城市意象五要素包括:道路、边界、区域、中心与节点、标志物五大类。

（一）道路——城市的主要骨架

道路是移动的通道，如街道、铁路、快速通道与步行道。对多数人来说，路是形成意象最重要的要素。人们到一个陌生的地方，首先认识的是路，通过路上的感受形成对这座城市的意象。

影响意象的重要因素：软质景观——自然景物，如树木、水体、风、细雨、阳光、天空等；硬质景观——人造景物，如道路两侧的建筑物、道路铺装、墙体、栏杆、广告牌、小品等构筑物；道路的平面线形、断面形式（交通车流人流情况）等。

道路景观设计关注的是人的动态视觉、视野，以及由其引发的生理、心理感受与美学要求：

（1）坐在道路两边静止的人。

（2）步行人——步移景异、移步换景。

（3）驾乘人员——尺度较大强调天际线和整体性，以粗线条、组团式栽植形式带和面的效果。

（二）边界

边界是线性要素，属于城市、地区或邻里的分界线。一些自然因素如山、河、湖、海等均能形成城市的边界；一些人为因素如城墙、铁路、高速公路、港口等也能成为城市或地区的边界（见图3-10）。

图3-10 城市边界

边界最容易形成城市或区域特色，是给人以深刻印象的因素之一，也是景观设计师进行工作的最佳平台。

（三）区域

区域是城市的一些地域，地域内的环境有某种共同的性格可被识别，一个区域往往是由知名地域和不知名地域构成，相当一部分不知名地域是作为"背景"或者"底色"存在于城市中，但富有特色，这样容易给人形成城市意象的地域就显现出来了。

不管是城市规划、城市设计还是景观规划设计，良好的功能分区形成的鲜明特色是带给人们强烈意象的基本组成部分。

（四）中心与节点

城市都有中心与节点，每一个地域或区域也都有中心和节点。它们是城市中最能给人留下深刻印象的地方。中心与节点经常是城市里道路的汇集点，是不同层次空间的焦点，它是城市中人类活动集中、人群集聚的地点，如街道、广场（见图3-11和图3-12）。

图3-11 上海南京东路步行街   图3-12 美国纽约时代广场

作为中心和节点的典型代表——广场，是现代城市开放空间体系中最具公共性、最具艺术性、最具活力、最能体现都市文化和文明的开放空间。其人流密度高、聚集性强。

应遵循的手法和原则：

（1）规划中要有意识地将步行街引向一些中心，中心应该成为步行人的汇集点并形成步行人的广场。

（2）广场作为城市的起居室，人群活动的舞台，尺度要适宜，不能过大。

（3）中心周围的公共设施要多样，使得男女老少都能物色到自己感兴趣的目标，心理上能够得到满足，即满足多样性需要。

（4）有的中心晚间也要开放，要有夜生活。

（5）广场要有适当的容人量。既保持生气活力，又避免过于拥挤。因位置及环境不同，设计广场的尺度时参考范围应在25~100m或70~100m，两者都是能看清物体的最大距离。

（五）标志物

标志物是具有自身造型特点的，让人一看就能识别的城市空间外部参考点，它能够帮助人们在城市中定位定向。

独具特色的城市及其出色的特征，都有其形成的必不可少的条件，如大自然所赐的特定地理空间条件，漫长时间所积累下来的历史文化条件以及当代社会所具有的科学技术与智慧。

1998年"新周刊"曾以"中国魅力城市排行榜"为题，用感性的眼光，从文化的视角，对部分城市作了直觉性描述。比如北京——最大气的,上海——最奢华的,大连——最男性化的,杭州——最女性化的,南京——最伤感的,武汉——最市民化的,重庆——最火爆的。

在城市特色问题上,当下面临的突出问题是"新建设"不新,"老环境"失落,是这种"新建设"正在吞噬"老环境",新特色难以形成,老特色正在消失。

所谓"新建设"不新,指的是建设者缺乏新建设文化创造力,繁忙浮躁的设计市场里,业主、长官和设计者们,显富、模仿、跟风,使得许多新建设丢掉了社会进步的责任,丧失了艺术原创的智慧。

在我们的时代,建设创作的主要内涵是以新需求、新手段、新思考,解决社会所面临的新问题。所谓缺乏新建设文化创造力,实质问题就是缺少社会进步对建设所提出的新问题的研究,缺乏对当前人民物质和精神生活的回应。

第三节 领域行为的空间设计要点

一、领域性

阿尔托曼(Altaman, 1975)依据领域对个体或群体生活的重要程度而划分出人类使用的领域的三种不同类型:主要领域、次要领域、公共领域。人们从事哪种类型的活动都是从个人空间的移动所产生的,由家—邻里—社区—城市的过程形成整套的领域体系。

增强领域性主要是通过个人化和做标记、领域标志物、占有和使用这些方式达到控制目的。

园林场所自身是一个领域,根据性质和大小是可以成为次要领域或公共领域的;就如园林场所内部又是由多种不同功能的次要领域或主要领域所组成的。

从外部关系看,园林场所的领域是由边界而界定的(见图3-13),比如居住区的围墙、公园边界的绿篱等;从内部关系看,园林场所内部领域也是由具体功能的边界而界定的,比如园路的路牙、水景的驳岸等。可见,边界是形成园林场所领域感的重要因素。

图3-13 园林场所的边界

（1）外部关系方面，园林领域的边界根据领域的安全防卫功能可以分为开放式边界、半开放式边界和封闭式边界三种类型，也正是这三种不同的边界类型组合成丰富多样的园林环境空间。

（2）从内部关系看，园林场所是由功能单元所组成的，可以将每一个功能单元看成一个领域，而不同领域边界类型的变换、交织、分离共同构筑了诗画般的园林景观，也形成了园林空间的序列与多元。

园林场所中创造有层次感的景观意象，一般以半开放式和封闭式两种边界类型进行组织，产生出深远、高远的意境和"曲径通幽处"的情境；开放式边界类型一般用于创造平远的意境。

二、安全性

园林环境是以行为的安全性为基础而进行架构的。

园林环境中行为的安全性主要由园林构成要素的安全性和园林环境中行为的安全性两个方面来决定。

（一）园林构成要素的安全性

（1）植物：行为活动频率低的空间，安全性主要体现在边界、材料特性等方面。例如，行道树主干高度多在3.5m，过高易与架空线路发生矛盾，过低则影响交通，并给人以压抑感。

世界五大行道树树种为：银杏、椴树、七叶树、鹅掌楸、悬铃木（见图3-14）。

图3-14 常见行道树（左：银杏，右：鹅掌楸）

行道树的种植方式：树带式，宽度不小于1.5m；树池式，1.5m×1.5m（2.0m）/d=1.5m

居住区植物种植不要影响建筑物的通风、采光。植物种植与建筑物的距离：乔木最小3~5m，灌木最小间距1~3m。住宅附近管线比较密集（自来水管、污水管、雨水管、煤气管、热力管等），树木的栽植要留够距离，以免有后患。

（2）山石、水体、建筑、道路广场、小品：行为活动频率高的空间，安全性主要体现在材料、尺度、细部处理等方面。

掇山：选石要坚固耐久，避免选用易风化或风化严重的山石；植物覆盖度不要影响山石的结构。

水景：一般人工水景的水深不超过60cm；这也是出于安全考虑。游泳池根据功能需要尽可能分为儿童泳池和成人泳池，儿童泳池深度以0.6~0.9m为宜，成人泳池为1.2~2m，儿童戏水池可以设为0.3~0.5m。浅水区、深水区要立警示牌。池岸必须做圆角处理，周边和平台铺装采用石块、混凝土、砖和木材，以用于防滑。

道路：自然道路应避免三条以上的道路交汇于一点，防止游人迷失方向。必要时可安置指路牌引导方向。

交通岛是指为控制车辆行驶方向和保障行人安全，在车道之间设置的高出路面的岛状设施，包括导流岛、中心岛、安全岛等（见图3-15）。交通岛周边的植物配置宜能增强导向作用，在行车视距范围内应采用通透式配置。中心岛绿地应保持各路口之间的行车视线通透，因此以布置成装饰绿地、草坪花坛为主。立体交叉绿岛应种植草坪等地被植物。草坪上可点缀树丛、孤植树和花灌木，以形成疏朗开阔的绿化效果。桥下宜种植耐荫地被植物。墙面宜进行垂直绿化。导向岛绿地应配置地被植物。

图3-15 交通岛

港湾式停车场保证了主干道的交通，中间绿化隔离带，有利于组织交通，改善街道空间尺度。如美国明尼阿波利斯市的尼克雷特步行商业街，中间是一条7m宽的弯弯曲曲的机动车道，既动感又可有效限制车速，相应拓宽了街道的人行空间。随着车行道有收有放，在宽敞处提供休息停留的空间。在人流较多的地区，车行道上标注白色折线，以提醒驾驶员减速，确保安全。在交叉路口处设有明显标志的减速装置，强制减速，提高安全性。

台阶：在设计确定台阶的舒适度和安全感方面，其踏面与升面之间的大小比例关系是关键性的因素。普通的原则是$2R+T=66cm$（R为升面高度，T为踏面深度）。一般一组台阶绝不能只有一个升面，最少应有2~3个升面。升面的最小高度极限为10cm，最大高度是16.5cm。台面的深度不能小于28cm。

一组台阶升面的垂直高度应保持一个常数。在升面底部使用阴影线可提醒游人注意。

扶栏的高度为离踏面前沿81~91.5cm。扶栏还应在台阶的始端和末端各自水平延伸出46cm左右。

坡道在无障碍区域的设计中必不可少。坡道倾斜度的最大比例不能超过12:1。

（二）园林环境中行为的安全性

园林环境中行为的安全性主要体现在空间尺度的层级问题上。

根据"气泡"理论，行为的安全性可在水平与垂直梯度上分为核心区、保护区与边界区。

1.水平梯度上的空间行为安全尺度

核心区：0~0.8m；保护区：0.8~1.2m；边界区：1.2~12m，主要是以臂长与步宽为尺度标准。

园林环境中空间平面的安全性因素主要体现为最小安全尺度应在0.8~1.2m。例如，园路尺度一般在0.9~1.2m，符合行为空间的最低安全尺度，而且许多园路边界设计草坪，在安全性的边界区范围内，有效地提高了行为空间的安全性。

个人行为空间安全性的边界区尺度考虑也是十分必要的。例如，在园路或小型广场环境中，人的视域空间尺度应大于边界区尺度，从而使行为空间的安全性感觉更为强烈。

尽量消除引发犯罪的环境因素，例如，过密的植物、死角、暗淡的光线；加大公园的利用强度等。

2.垂直梯度上的空间行为安全尺度

园林环境中空间立面的安全性因素主要体现在围合关系、围合高度和围合高度与长度的比例，主要是以视高的变化为依据。

一般而言，全围合比半围合安全性高；围合高度超过人的视高则安全性高；高度与长度比在1.5:1~3:1范围内安全性高。

在园林环境中成为围合的要素较多，如山石、瀑布、植物、景墙等。

丹麦学者扬·盖尔认为：边界、凹入、围合的空间安全性高；凸起、中心的空间安全性较低。

（1）增强空间领域的归属感

"家"是主要领域的一种形式，也是最具归属感的领域场所，因此常爱用"家"的概念来比喻一个领域，比如××单位是我家，卫生靠大家。通过这样的形式来增强领域的归属感，同时也暗示一定的安全性。

在一些没有明确领域感的地方可能会发生两种后果：一种是引起领域争端，导致不和；另一种是无人过问，被糟蹋和滥用，造成失控状态，城市中后面的一种现象更为常见。

越是没有归属、没有人管的空间，越容易被糟蹋；一旦有了明确的主人，并得到爱惜与呵护，就会得到尊重。

（2）增强空间领域的安全防卫

在领域上，控制感和实际控制力都会增强，与之相应的安全防卫要求也会增强。一般来说，控制感越强的领域其安全防卫需求就越高。（主要领域—公共领域）

领域标记物构成了有效的警告系统，使得人们得以避免与他人在公共场所发生冲突。一般来说，这些标记物总是能得到其他人的尊重。

布朗（Brown）和阿尔托曼（Altman）调查了306户被盗住宅的领域标志，并将它们与未被盗的住宅加以比较。结果发现，未被盗住宅的领域标志远远多于被盗住宅，包括实际的和象征性的标志。

美国建筑师纽曼（OscarNewman）自1968年开始研究美国城市住宅区的犯罪问题，研究中发现在规划布局与设计上具有户数多、层数高、区内可自由穿行、缺乏组团划分、公共空间缺乏监视等特点的高层住宅区犯罪率高。而分组明确，具有公共院落、开敞的公共走廊、半公共领域（休息、停车、游戏）的低层住宅区犯罪率低。

社会特征、管理情况、居民参与程度对领域的安全固然具有决定性的影响，但建筑及环境的设计特点仍然是十分重要的因素。1968年，基于研究，美国建筑师纽曼提出了"智能防卫空间"的设计原则，其主要特征包括以下两方面：

（1）形成易于被感知并有助于防卫的领域：清晰的边界划分和明确的内部结构是形成能防卫空间的第一步。在私密空间和公共空间之间有明确过渡空间的住区往往能形成易于被感知并有助于防卫的领域空间。

（2）自然监视：通过平面布局和门窗布置，使居民可以从室内自然地监视户外活动，犹如环境长着眼睛，从而对犯罪分子的心理产生威慑作用。

群体领域性促进了群体领域感和保护自己的邻里、自己的社区、自己的城镇的群体行为，这种现象应该引起设计者和管理者的足够重视。

同时，住宅的规划布局也应有利于形成"自然监视"作用。例如，住宅组团的道路应设置单一出入口的环路，而不应是互不关联的多个出入口。

住宅单体通过围合式布局在中央形成公共活动场地，既可增强邻里的交往，有助于形成人们的空间归属感，同时也有利于形成监管空间，增强环境的控制感和安全感。

注意：自然监视和共同防卫只有在那些白天有人在家的邻里中才有效。如果邻近住宅完全是同一户型，居民又都是清一色的上班族，这种社会组成本身就不可能建立有效的全天候监视。

三、私密性

私密性是人类本身的生理与心理需求,公共性则为人与人形成集体、团体等群落空间所必需的情感需求。对于每一个个体而言,既要有可以带来安全性的私密性空间,又要有与别人接触交流的机会,环境既可支持也可阻止这些需要的实现。

(一)私密性的概念

私密性最早是环境心理学在研究交往关系的过程中提出的,如今被广泛地运用到许多领域。阿尔托曼认为:私密性是对接近自己或自己所在群体的选择性控制。(人们设法控制自己对别人开放或封闭的程度)

园林环境中的私密性,是指个人或人群有限制自身与他人交换一定质与量的信息的需求。这种私密性体现在人对空间的需求上,希望在现有条件下独享一定的空间环境。

(1)用具有控制性的主要领域方式可以很好地调整自身的私密性,如独坐一个座位、在草坪上放一块餐布。

(2)用不同的行为机制,譬如用语言的方式告诉旁人:"对不起,我在等人。"这样可以调整其私密性;用身体语言的方式如皱眉、移开视线、身体侧开、看手机等动作表示需要一个独立的空间,从而调整自身的秘密性。

(二)私密性的形态

威斯汀(A.F.Westin)把私密性划分为四种基本形态:独处、亲密、匿名和保留,它们分别会在不同时间、不同情境出现。其中独处、亲密是通过空间来调整私密性的形态,匿名、保留是通过信息控制来调整私密性的形态。

(1)独处:指个体把自己与其他人分隔开,或者避免被他人观察到的状态。

(2)亲密:指和某些个体相处时不愿受到干扰,如亲人、朋友或配偶亲密相处时的状态。

(3)匿名:指一个人隐姓埋名或乔装打扮,即使在公众场合仍然不被别人认出的状态。

(4)保留:指个体需要隐瞒自己的一些事,不愿意被其他人了解的状态。

(三)私密性空间的特征

(1)私密性空间具有静态、停留时间长的时效特征,使人们在这类空间中产生很强的停留感和较强的领域感及安全感。

(2)私密性空间与公共性空间具有较强的空间转化特征。

(3)"边""角"位置是私密性空间主要的分布特征。

在较大的公共空间中,人愿意在半公共半私密的空间中逗留。一方面,他有了对公共活动的参与感,能看到人群中的各色活动,如果愿意的话随时可以参与到活动中去。

另一方面,他有安全感,因为是在一个有一定私密性的被保护的空间之中,对这一暂时的局部领域,他大体可以控制。

不管是室内还是室外公共空间,小群活动总是从边上逐步扩展开的,如果边上的空间能吸引人,留住人,空间特征适合于小群活动,加上空间大小与人的密度合适,这种空间就可能很有生气,由此可以演化出多种空间模式。

因此,做好公共空间的"边沿设计",将成为空间设计的关键。

(四) 如何设计私密性的空间

(1) 私密性空间与场所环境空间的比例关系具有较强的心理暗示作用。私密空间与场所空间的比例在1:20~1:30能产生较强的私密感。

(2) 一般而言,空间全围合比半围合的私密性强,围合高度越高私密性越强。具有私密性的围合高度一般以人的视线范围为界,即为1.6m以上。

隔断环境、形成视觉阻挡,完成对明确的所限区域的围合,是获得私密性的主要方法。如通过围墙、大门、照壁、院落等的设置,形成居住环境的公共空间—半公共空间—半私密空间—私密空间的过渡 (见图3-16)。

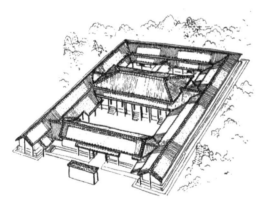

图3-16 居住环境的私密性空间

(3) 园林场所功能决定私密性空间的尺度。大型广场、中型广场具有大量人群活动特征,该类型场所的私密性特征一般以小群生态活动为主,其场所尺度也应符合小群生态活动的最低尺度特征。这类尺度特征一般以小广场或树阵等形式架构 (见图3-17)。

图 3-17　广场的私密性场所尺度

商业街、健身区等公共功能属性较高的场所，其私密性空间尺度一般与小群生态活动行为有关，具体尺度由空间流量所决定。

休闲性为主、活动频度较低、公共功能属性较低的场所环境，其私密性空间尺度一般与个人空间尺度有关。私密性一般分为独处和亲密两种形式，具体尺度由个人空间尺度决定。

园林环境大多属于公众所拥有，人们的行为活动总是在私密性与开放性中变化。室外空间的规划设计就是要在私密性、公共性等各种空间的塑造方面取得平衡，满足人们对各种空间的需求。

四、舒适性

常说营造舒适的空间环境，这在设计上是必须关注的问题。我们可以通过环境的舒适与否，来引导行为动作的特征。比如食堂或快餐店的座椅和酒店的座椅就有明显的差异（见图 3-18），这就是通过调节座椅的舒适性程度来引导人的行为动作，以期达到相关目的。比如将食堂的坐凳设计为圆管形，由于坐在上面不是很舒适，因此能够减少人们坐着不走的情况，提高坐凳的使用效率。

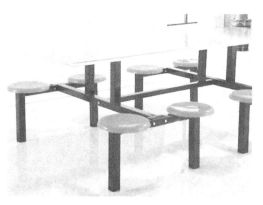

图 3-18　不同舒适性的座椅设计

园林环境是一个复合体系,其舒适性也体现在空间的舒适性、尺度的舒适性和材质的舒适性等多方面。

尺度上所说的舒适性,都要符合人体工程学的相关理论。人体工程学,也叫人机工程学、人类工效学、人类工程学、工程心理学、宜人学等。它是研究人在某种工作中的解剖学、生理学、心理学等方面的各种因素;研究人和机器及环境的相互作用;研究在工作中、生活中怎样统一考虑工作效率、人的健康、安全和舒适等问题。

人体工程学"起源于英国,形成于美国",原先是在工业社会中,开始大量生产和使用机械设施的情况下,探索人和机械之间的关系。第二次世界大战期间是该学科发展的第二阶段,由于战争的需要,许多国家根据生理学、心理学、人体测量学、生物学等学科分析研究"人的因素",从而大力设计发展效能高、威力大、操纵合理的新式武器和装备。在其发展的第三阶段,由于战争结束,人体工程学迅速渗透到空间技术、工业生产、日常生活用品和建筑设计中。1960年创建了国际人体工程协会。在建筑室内环境设计中,人体工程学也起着至关重要的作用。

在景观空间的设计中,以步行空间为例,作简要介绍。为了设计恰当的步行交通系统,必须考虑人体尺度、移动偏好和视觉感受力的最低限度。一般来说,行人至少需要走600mm宽的步行路。对公共步行通道而言,最小路宽是1200mm。如果需要更精确的数据,可以用下面的公式来计算能被人接受的最小步行道路宽度:

$$步行道路宽度 = \frac{V(M)}{S}$$

式中:V为人流量,人/min;M为空间尺度单位,m^2/人;S为行进速度,m/min。

人前面的空间要求是指一般步行者在不同条件下,视线不受阻挡且在心理上很舒适的空阔范围(见图3-19)。人们愿意在不同活动场所之间或停车场和活动场所之间步行的平均距离受某些参数所支配。这些参数依行程目的、天气状况和文化差异而定。绝大多数人不愿意行距超过220m。理解不同社交场合下正常人的视觉容量和局限对我们来说是非常有帮助的。

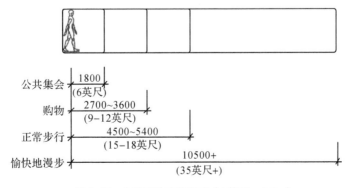

图3-19 人前面的空间要求(1英尺≈0.3m)

步行系统中的标识牌设计，一般以朝南或朝北为佳，面朝东或朝西均有半日的阳光直射，影响展览效果，降低利用率。可借用绿化遮荫或增加遮阳设施，减少日晒的影响。标识牌的设计要利于引起游人的注意或使用。就步行标志牌的设置和朝向而言，视锥和视平线是两个非常重要的元素。人的视锥垂直角大约为30°，水平角大约为60°。此处还要考虑视域、文字的大小和比例以及文字与背景之间的对比关系。

"方便"是衡量步行系统功能质量的一项标准。其中，评价步行系统方便与否的两个重要因素是方向性和流通性。

（一）方向性

景观中的视觉暗示能帮助人们在大范围的环境背景中发现并决定前进方向，这在复杂的环境中尤为重要。

在有等级或序列的系统中，地标特征和视觉暗示可以引导步行者的决定和预期行为。在路口及道路转弯处，一般安排观赏树丛（见图3-20），起到对景、导游和标志作用。配置混合树丛时，多以常绿树作背景，前景配以浅色灌木或色叶树及地被等（见图3-21）。

图3-20 路口观赏树丛

图3-21 混合树丛

（四）流通性

流通性是指从一个目的地走到另一个目的地的相对轻松程度。影响流通性的因素包括步行者的密度、障碍物的存在、步行路面的状况和天气情况等。

课后思考题:

1.实践类题目:请用所学知识去寻找实际生活中的"环境-行为-人"相互作用、相互影响的案例,并进行分析。

2.思考题:

(1)人类学家霍尔概括了哪四种人际距离?

(2)个人空间对园林景观设计的意义是什么?

(1)案例材料:四川都江堰广场

(2)案例材料:沈阳建筑大学校园环境设计

(3)案例材料:成都活水园设计

第二篇

专题研究篇

<<< 第四章　园林景观设计与环境心理学研究概述

　　园林主要就是研究如何对自然和社会因素进行合理的应用并创建维护生态平衡的生活境域。也就是说，园林存在的根本目的就是为人服务的。所以，在园林设计的过程中，首先需要考虑的问题就是通过设计来解决人与环境之间的关系问题，并使所设计的园林能够给予人们更好的体验。为了达到这一目的，就需要设计者能够对人在各个环境下的心理及行为特征进行了解，从而对园林设计中每个要素之间的关系进行有效把握，设计出符合人与自然发展规律的空间环境。环境心理学作为一门独立的学科，主要研究人的行为与景观空间的关系，并以人的心理和行为作为切入点，对人、环境的相互关系进行研究。因此，在园林设计过程中，要以环境心理学为手段，对环境进行充分的应用研究，从而能够设计出"以人为本"的、能带给使用者良好体验的园林空间。

第一节　中国古典园林中的环境心理学

　　我国对于环境心理学的研究始于20世纪80年代，但是纵观我国的古典园林史，会发现中国古典园林的"本于自然而高于自然"的思想，充分体现了追求天与人的和谐统一，从而达到亦自然亦人工的境界。中国古典园林中蕴藏着丰富的环境心理学知识。

一、中国古典园林造园艺术的构成要素与造园技法

（一）构成要素

（1）山石。堆山叠石在传统造园艺术中占有十分重要的地位。中国古典园林中多用人工将山石堆叠成山来表现深邃清幽的山林景色和雄奇、峭拔、朴野、灵秀的各种山境。叠山主要以模仿真山真水为主，讲究对自然山石的艺术摹写且师法于自然，是中国造园技艺的精华。在园林空间中具有主题点缀、分隔空间和遮挡视线等重要作用。

（2）水体。在中国传统的自然山水园中，水和山具有同样重要的地位，我们常说"山因水活，水随山转，有静有动，山色水景，宛若内界"，因此水是园林景观的血脉，正所谓无水不成园。园林用水，从布局上看可分为集中与分散两种形式；从情态上看则有静有动。集中而静的水面能使人感到开朗宁静，分散而动的水因其来去无源而产生隐

约迷离和不可穷尽的幻觉。在园林空间中水具有导向、分隔空间、点缀、连接和基底的作用。

（3）植物。植物是园林工程建设中最重要的材料，同时也是园林造景中具有生命和活力的要素。园林中的树有点种与丛植两种种植形式。植物对于烘托陪衬建筑物、点缀庭院空间起到重要作用。

（4）建筑。园林建筑是中国古典园林中不可缺少的组成部分，主要包括亭、台、楼、阁、舫、榭、桥、轩、斋、馆、殿、堂等木、竹、土、石结构的构筑物。它们形体厚重、色彩明快，布局一般采用中心或轴线对称形式。因此，在园林中主要是为了满足人们休憩及各种游览活动，也可以用于游览路线，以体现园林意境。

（二）造园技法

中国古典园林造园艺术讲求师法自然而又高于自然，始终把追求自然曲折作为其基本特征之一，几乎贯穿造园手法的一切方面。造园的手法多种多样，在宏观上因地制宜、顺应自然，具体手法有主景与配景、层次与景深、借景与屏景、对景与抑景、分景与隔景、夹景与框景、透景与漏景、点景与题景、朦胧与烟景、四时造景等。

二、中国古典园林造园艺术中的环境心理学

（一）造园艺术环境的知觉研究

美国著名的景观设计师西蒙兹曾说："我们规划的不是物质，不是空间，而是人的体验。"中国古典造园中讲求"人化自然，胜似自然"的基本原则，它以道路或水体为纽带，以山石、水体或高台建筑为核心，以水体、花木植物为点缀的山、水、建筑、植物立体时空组合关系的格局，大大丰富了造园艺术手段，促进了山、水、建筑及植物景观间更复杂的穿插、渗透、映衬等组合关系的出现和发展，为造园艺术环境最终采取一种流畅柔美、富于自然韵致的组合方式准备了必要的条件。纵观中国古典造园艺术的经典案例，我们不由地被那些仿自然山水格局的景观、循序渐进的空间序列、巧于因借的视域扩展、小中见大的视觉效果和诗情画意的表现手法所折服。

在各种感觉之中，视觉的穿透力最强，感觉最敏锐，所获得的信息量也远远大于其他感觉。所以我们常会说看风景，其实优美的景色就是一种视觉上的享受。比如园林景观中的植物配置经常会讲究植物色彩的搭配，道路铺装的色彩和花纹的设计等，都是为了让景观更美。当然，有时由于人在特定条件下对外界刺激产生的某种具有固定倾向并主观歪曲的知觉，就是我们常说的错觉，这种错觉大多是视觉错觉。园林景观中也有很多利用视觉错觉的例子。比如，网师园中架设于彩霞池上的引静桥（见图4-1），由于其长2.4米，宽不足1米，成为中国古典园林史上最小的拱桥，有"三步桥"之称。其实彩霞池里的水是死水，但是设计师为了让死水变活水还是下了一番功夫的。我们可

以看到在引静桥北侧的小水系中有一个小水闸,水闸过去水面逐渐变窄,利用上面的驳岸石对水面做了一个延伸的处理,在视觉上给人的感受是水是这里流进来的,而事实是水闸永不可能开启,这里已是水的尽头。这就是非常典型的运用视觉错觉营造环境的案例。

图 4-1　网师园引静桥

图 4-2　拙政园听雨轩

　　除了视觉,听觉也是环境体验的重要组成部分,尽管听觉接受的信息量远比视觉要少,除了盲人用声音作为定位手段外,一般人仅利用听觉作为语言交往、相互联系和辅助视觉体验环境的手段。但是,大脑对于声响的反应远比对光的反应快得多,而且无处不在,我们很难想象一个听觉正常的人生活在无声的环境中是一种多么可怕的体验。我们在园林景观中听到鸟鸣声、水流声、音乐声都是一种非常好的体验。在中国的古典园林和风景区中,利用听觉体验创造的景点或意境的例子比比皆是。比如拙政园的"听雨轩"取"雨打芭蕉"之意(见图4-2)。《园冶》中曾有"夜雨芭蕉,似杂鲛人之泣泪",因此邻近的听雨轩的南侧小院遍植芭蕉,北院较大,但仅靠北墙种植数株作为唱和,以求疏密有致。这就是一个利用听觉体验创作的景点。当然,还有一些是把听觉体验与华夏文化的感悟结合在一起的,这些景观看似简单实则大有文章,比如明清时期的私家园林中大多设有琴室、琴馆或琴亭,表面看来古人都有在园林中练琴的习惯,殊不知这些园林体现了古代士大夫人格和心性的自我完善,寻求心灵、宇宙及两者之间的和谐。因为在华夏文化中古琴系"山水之音",代表高情雅趣,古琴的弹奏是弹给自己或天地听的——知音即知己,是自身的投射。现代园林中的喷泉、瀑布等都是为了利用水声来掩蔽噪声,起到闹中取静的效果。近年来,园林界很多人开始研究声景设计,这在园林研究中将有很大的发展空间。

　　除了以上的知觉园林景观外,还有嗅觉体验,嗅觉主要是加深对于环境的体验和记忆。园林景观中的花卉、树叶、芳草、果实、清新的空气都是形成嗅觉体验的重要因素。

　　还有触觉体验,比如不同的质感带来的体验是不一样的,所以园林景观中分为软景如草地、水、沙滩等,硬景如道路、山石、建筑等。在体验式园林中还有那些可触摸、可采摘的果实,它们都是触觉体验。

除了这些感觉外,园林景观中还有动觉,比如园林造景手法中的"步移景异""欲扬先抑""峰回路转""柳暗花明"等都是典型的动觉体验。例如,走在水中的汀步上时,当汀步是不规则设置时,我们必须在每一块石头上略作停顿,以便找到下一个合适的落脚点,这就会造成方向、步幅、速度和身姿不停地改变,形成了"低头看路、抬头看景"的动态观景体验。

(二)造园艺术环境的认知研究

环境认知是人对于所处环境的感性认识,包括对潜在环境的感知和认识、对环境信息的获得,以及影响环境知觉的因素等。中国古典造园中注重"情景交融"和诗文绘画的美感,追求"天人合一"的理念,在对待人生观上,崇尚自然、追求自然是东方人人生观的一种终极体现,把人与天的和谐共融用造园艺术的外在审美表达出来,以无为顺应的人生哲理营造出浪漫飘逸的意境。

中国古典园林中历来注重意境的营造,在自然上,通过把大自然中的山、水、植物和居住的建筑艺术结合起来营造,创造出一个宜居的环境。例如,山、水和植物可以调节小环境气候,人与自然和谐共处一片天地,是对天地自然观的进一步发展和总结。在文化上重视儒家文化和自身修养,在园林设计中可以运用白玉兰、梨花、梅花、垂丝海棠等富有古典韵味的植物以及各种楹联匾额等园林风物来体现儒家特有的高洁情怀;中国古典园林中将"气"与"韵"看作生命的形态,用落水景观和潺潺溪水的动静结合,体现出园林景观的深沉幽远之美,让园内的溪水曲折地流动,表现出曲折有情之美;在园林设计中突出自然的有机形态,融合以视觉为主的绘画美感、以听觉为主的音乐美感和以意境为主的古典诗文美感,使园林雅而脱俗,清而出尘。在舒适宜人的空间里加强对环境文化氛围的营造。通过借鉴,中国古典园林常以特有植物来体现中国传统文化中的文化象征手法,以及用对联、石碑等形式来表现园林诗情画意的手法。这些不仅可以提升园林的格调和内涵,还能在喧嚣的城市中造就出一种宁静、儒雅的文化氛围。

(三)格式塔心理学在古典园林中的运用

早在几百年前,我们的祖先其实就已经把格式塔心理学的理论思想用于我们传统园林景观的设计之中了。那时候,有一种造园手法叫做"框景"。所谓框景,顾名思义,便是利用口、窗之类的有尺寸的框将窗外的景色框入其中,在视觉上成为一景(见图4-3)。比如在我们的视觉中,不会单单去看窗外的梅兰竹菊或是亭台楼阁,窗就像是一幅画一般,与整个镂空的圆门,以及门外的池水、楼宇、植物交相辉映,成为一景,成为人在视觉上的焦点。而这样一幅画一般的景色可不仅仅是园林景观元素的相加之和,而是人们在视知觉时,审美经验的体现,它的艺术感、美感油然而生,这就是我们常说的格式塔心理学中的整体认知。再比如,古典园林中还有一种设计手法叫做"一池三山"（见图4-4）,尽管它有点神学的设计手法,用现在的科技方法去解释似乎没有太大的说服力,但是它的理念可以用整体论来解释。一池指的是太液池,三山指的是蓬莱、瀛洲和方丈。据记载,秦始皇希望长生不老,便多次派人去寻找仙境、寻求仙药,最终无果,只得通过园林设计建造来满足他的奢望。于是便修建了"兰池宫"来追求仙境。先在园中建造一池湖水,湖中建三座岛来隐喻传说中的蓬莱、瀛洲、方丈三座神山,借此来保佑自己长生不老。此后很多皇帝大臣在建造园林时都用此手法来保佑自己长生不老。由此可以看出,通过"一池三山"的设计,让古代人们相信这是一个仙境,拥有这样的景致会让人长生不老。这样的景中仅仅是一池加上三山,但组合在一起,就成了人民对美好生活的向往,性质也就发生了变化,这也是典型的整体论的体现。

图4-3 园林框景手法　　　　　　　　　图4-4 一池三山的设计手法

　　园林景观设计和环境心理学密不可分,相辅相成。通过将中国古典园林造园艺术与环境心理学相结合,对民族优秀的文化艺术传统进行吸收和借鉴,在综合传统和现代文化精髓的同时又能有所超越。将环境心理学融入中国古典园林造园手法中去,是人们生活的需要,是未来园林建设的发展趋势,是对中国传统文化和美学的传承,是对现代设计中人文理念的发扬和创新。

　　中国古典园林因其悠久的历史与高深的审美境界,成为东方文化一个特点突出的组成部分,它有别于世界其他园林,表现出独树一帜的艺术形式。"虽由人作,宛自天开",很好地说明了造园所要达到的意境和艺术效果。

第二节　现代园林景观中环境心理学的应用研究

　　现代园林设计以设计出更适合人们生活的环境为目的,因此,评价一个园林设计的好坏,往往更加注重环境中的人的真实感受,也就是我们常说的人的体验。在这样的背景下,园林设计者为了设计出好的作品就必须结合人的实际需求,与人们的感受建立紧密联系。这其实就是环境心理学应用到现代园林设计中的具体表现,即让设计者站在人的角度进行合理设计。近年来,随着以人为本设计理念的深入发展,进一步提高了环境心理学在园林设计中的重要地位,也让更多的现代园林设计者重视环境心理学的实际运用。

园林存在的本质就是为人民服务。园林设计的目的就是减少环境和人的冲突,让设计的园林能更好地满足人们生理与心理的双重需求。在这个过程中,如果无法对人在不同环境中的心理和行为特点进行充分分析,便不能有效掌握园林设计中的各个因素间的联系,从而也就不能针对满足人和自然和谐发展的空间氛围展开设计。环境心理学作为一门学科,其重点在于对景观和人的行为之间的联系展开探究。所以,在园林设计中只有对环境心理学展开一定的运用探究,才能符合现阶段时代发展对园林设计提出的全新要求。

一、环境心理学在现代园林设计中的相关理论

环境心理学是心理学的分支,属于应用心理学的范畴,是一门新兴的学科,其作为园林景观设计的理论依据,主要包含以下相关理论。

(一) 环境认知理论

环境认知理论就是研究人们识别和理解环境的理论,可以简单地理解为人怎么样才能获得关于环境的知识,比如人对于环境距离的远近和时间的长短的要求,有助于我们进行环境的定位和判断。环境认知是个体适应环境、作用环境的心理基础,人能够对环境进行识别和判断的根本原因在于人们对于自己熟悉的事物能在头脑中进行加工处理,从而使其重现出来。

(二) 环境行为理论

环境行为理论是环境行为学的基础,主要包括环境决定论、相互作用论和相互渗透论。环境是否能够引起人们的探索主要取决于环境中的不确定因素,即环境中不确定因素越多,就越能激发起人们探索环境的欲望,人们对这个环境的评价就会越高。

(三) 注意广度原理

注意广度原理是指人们在限定的条件内难以一次性地接受全部的信息,如果想要人们接受大量的信息,那么在环境景观设计中具有规律性的、意义性的景观是必不可少的。在对于一个陌生环境的认识中,人们往往先进行观察,以此来归纳其规律,从而能够在尽可能短的时间内记住一个陌生的环境。一个环境想要快速地被人们识别,各组成元素之间相互关系清晰和各元素之间具有内在的同一性是必不可少的。

二、运用环境心理学进行景观设计的建议

(一) 树立以人为本的设计思想

人是景观设计和环境心理学之间的纽带和核心。以人为本的景观设计即人性化景观设计，是人类在改造世界过程中一直追求的目标，是设计发展的更高阶段，是人们对设计师提出的更高要求，是人类社会进步的必然结果。人性化设计是以人为轴心，注意提升人的价值，尊重人的自然需要和社会需要的动态设计哲学。在以人为中心的问题上，人性化的考虑也是有层次的，以人为中心不是片面地考虑个体的人，而是综合地考虑群体的人，包括社会的人、历史的人、文化的人、生物的人、不同阶层的人和不同地域的人等，考虑群体的局部与社会的整体结合，社会效益与经济效益相结合，使社会的发展与更为长远的人类的生存环境的和谐与统一。也就是说，景观设计只有在充分尊重自然、历史、文化和地域的基础上结合不同阶层人的生理和审美需求，才能体现设计以人为本理念的真正内涵。因此，人性化设计应该是站在人性的高度上把握设计方向，以综合协调景观设计所涉及的深层次问题。

人是环境的人，环境是人的环境，人构成环境的一部分，人不是环境刺激的被动接受者，而是和周围环境处于辩证的关系中，这是一种能动性的交替关系，即塑造环境和被环境塑造。人可以改变环境，环境会影响人的行为。环境是行为的潜在因素，只有在适当的行为配合下，环境才能产生影响，而不是以一成不变的方式影响人的行为。

环境是被人所感受和体验的，作为一个完整的领域，其被认识为一系列的心理图像。人有环境的特性也有个别心理的特性，人是决定行为的主要因素，人和环境的相互影响有助于确立环境的本质以及环境对人的行为的作用。

(二) 深入研究不同人群的心理

不同的心理状态会产生不同的行为，即使同一个人对同一个事物在不同的时间也会有不同的想法，相应地也会采取不同的行为。因此，仔细研究人的心理尤为必要。对于一个景观工程来说，从项目的策划到设计、施工、交付使用，这一过程中会有不同的人群参与，包括管理者、设计者、建造者、维护者以及市民大众。每一类人群都有特定的心理状态，他们的心理又影响着他们的行为，最终影响着景观工程的实施。景观设计师应该具有分析各种人群不同心理状态的能力，能够综合控制各种各样的心理矛盾，从而提出最佳、最可行的设计方案，取得最好的设计效果。

(三) 景观设计师要透彻了解人的行为特点

环境心理学研究表明：行为由2种不同的复杂关系组成，其一是围绕人的环境客体；其二是个人主体的内部状况，包括个人的生理因素、文化背景、动机、经历和基本要领等。人对环境所做的行为反应是从对环境的感知开始的，通过感知，人把选择来的、感

觉到的刺激转译为一种意义或对事物的意象,从而产生行为反应。景观设计对人的行为因素的关注要求景观设计按照人的行为活动方式进行,不同人的行为活动差异使设计中的布局、设施安排有着不同的重点。

在园林景观中,一般将使用者群体分为儿童、老年人和成年人。其中,儿童和老年人群体是园林景观设计时关注的热点。

1.老年人的群体特征

数据显示,从2015到2035年,我国将进入急速老龄化阶段,在当前老龄化如此严峻的形势下,老年人对户外空间确实存在很大的需求,而且这种需求会随着老年人口的逐渐增加变得越来越迫切。随着社会的进步和时代的发展,老年人对精神的追求也越来越注重,要求也越来越高。他们需要各式各样的休闲、娱乐设施,让他们有一个快乐的晚年,同时这也是大众所希望的,让人口老龄化的压力变为动力,使老龄社会可持续发展。

从生理的角度来说,随着年龄的增长,视觉、听觉都会大大减弱,行动力与辨识力都会大大降低。从心理的角度来说,老人会有孤独感、失落感、疑虑感、抑郁感、恐惧感、空虚寂寞感、衰老感。从行为的角度来说,往往具有聚集性、时域性和地域性等特点。

2.儿童行为心理

第一是聚众性。调研中发现,当儿童发现别的孩子在玩游戏时,就非常想参与并加入游戏。如广场上一旦有一个儿童在骑自行车或吹泡泡,越来越多的儿童就会加入。我们发现年龄相仿的孩子喜欢聚集在一起做游戏,但游戏内容会因年龄差异而有所不同(见图4-5)。比如,在游戏环境中,幼龄儿童偏爱简单、自然的元素,注重自身在游戏活动中的参与性。如自然界中的虫子、小草、野花都能吸引儿童的注意。幼儿期的儿童喜欢类似秋千、滑滑梯等内容单一的游戏器械。随着儿童年龄的增大,心智日趋成熟,大龄儿童转为对人工环境中的未知事物抱有强烈的好奇心和探知欲,喜欢刺激、新颖的游戏内容和游戏活动。他们的兴趣渐渐转为让他们记忆深刻、思考时间长的智力型、多功能型、刺激型游戏。同时,儿童的行为活动具有很强的依赖性。在单独户外活动时除了对游乐设施的依赖外,更表现出依赖家长、老师及其他监护人等。

图4-5　不同年龄段儿童的游戏内容

由此可以看出,对儿童户外行为而言,他们最需要的是活动伙伴,而游戏的空间和设施次之。

第二是主动性。儿童常为体验快乐而游戏,因而游戏是一种主动性行为。游戏中任何新的发现、行动的自由、成功的体验都会给他们带来喜悦。这使他们不断在游戏中尝试、发现、练习与表现,以及表达意愿、宣泄情绪和展示能力。

第三是连续性、随意性、移动性。儿童好奇和好动的特点使其活动既不定时也不定点,不仅在指定场地上活动,还有可能到达具有吸引力的潜在的活动场地,并且停留的时间也会更长。比如从家门口到宅前空地,到人行道,再到街头,即儿童的游戏是连续而随意的。

第四是探索性。好奇心使儿童善于发现游戏中所隐含的东西,如卵石、掉落的纽扣和小饰品、树枝等,并爱摆弄可塑性强的沙、泥土、积木、油泥等。他们还很爱冒险,杂草丛生、无人看管、具有一定神秘色彩的场所都是孩子们喜欢光顾的地方。

第五是专注性。儿童在活动时往往过于专注,而忽视周围环境的刺激,一旦投入游戏,就会忘乎所以,而忽视潜在的安全隐患。

第六是亲自然性。儿童活动时喜欢接近草地、水池和泥沙,喜欢在草地上奔跑,做各种活动。

(四) 在设计方法上要积极推动大众参与景观设计

由于人们对环境有不同的心理需要和行为反应,为了尽可能地满足不同的需要,仅依靠景观设计师和行为心理学专家的努力是不够的。因此,一方面要求景观设计师设计具有足够灵活性的环境来应对不同需要,另一方面鼓励居民关心自己的环境创造,促使他们更多地参与景观设计,让他们赋予环境以个性。这样的设计方法和单纯由景观设计师完成的设计相比,其结果更能反映社会和使用者的需要,能最大限度地实现景观存在的社会价值。

三、环境心理学在园林景观中的应用研究

(一) 基于行为的设计建议

人在外部空间的活动形式有必要性活动、自发性活动和社会性活动三类。必要性活动是指各种条件下都会发生的活动,比如上学、上班、购物、候车等日常工作和生活事务。这类活动的发生很少受物质构成的影响,相对来说,与外部环境关系不大,参与者没有选择的余地。自发性活动只有在适宜的户外条件下才会发生。如散步、驻足观望有趣的事、晒太阳、呼吸新鲜空气,娱乐消遣等,这类活动特别有赖于外部的环境条件。社会性活动是指在公共空间中有赖于他人参与的各种活动。如儿童游戏、打招呼、交谈、公共活动、被动式接触等。

自发性活动和社会性活动是我们在进行外部空间设计时需要关注的重点。对于外部公共空间而言,既要满足人们公共交往、活动的需求,同时也要注意保护私密性,因此基于个人空间、领域性等理论的研究,我们在设计城市外部空间时要寻求公共性和私密性的平衡。这就需要我们合理设置环境的容量,环境容量是指在保证旅游资源质量不下降和生态环境不退化的前提下满足游客舒适、安全、卫生、方便等方面的需求,即在一定时间和空间范围内,允许容纳游客的最大承载能力。基于这个概念,我们首先需要去考虑环境的实际容量,比如外部空间中只有各类较大的空旷场所,才能容纳这些公共性的活动,而像那些花镜、花坛、草地、小品的周围是不能作为群体活动的使用空间的。其次还要考虑活动者的时空分布规律,这一点对于空间设计有非常大的指导意义。比如晨练跳舞的人群喜欢空旷的广场,合唱者喜欢聚集在亭子里、大树下或地势高的地方;打牌、下棋的人喜欢在有一定的休息设施的区域里等。由于需求不同,因此对于环境的要求也不同,同时活动的持续时间上也会有较大的差别。这就需要我们通过寻找这些规律去关注重点行为场景的人员过剩问题。比如,目前经常引起社会关注的广场舞问题,往往会出现在同一个广场上很多支广场舞队伍相互干扰的现象,而且也会影响到其他参与活动的人群。这就需要我们扩大环境容量并对噪声进行必要的处置。扩大环境容量并不意味着一味地牺牲景观质量来扩大硬质铺装的面积,而是可以采用置换的方法,比如减少人流量较少处的硬质铺地,而去扩大主、次入口附近的广场和空地,以用作活动场地;还可以增加场地的功能性,比如公共空间中增加一些休息设施,就为使用者增加了休息的空间等。对于噪声,我们可以采用植物隔离、空间围合和必要的管理规定来处理。

在强调公共性的同时,我们还要注意通过视听隔绝的手段适当兼顾私密性,一般可以采用小品、绿篱、小乔木、假山、岩石等作障景处理,以保持小尺度空间的相对私密和安静。

其实在外部空间设计中，要同时满足公共性和私密性的要求，有时存在一定的难度，平衡是相对的，关键在于使用后的评价和调整，必要时可对局部进行改建。

第二个设计建议是要合理满足人的行为习性。在设计中合理满足人的行为习性会吸引使用者，从而增加外部空间的使用频率、时间和生气感。比如，位于广东中山市的岐江公园（见图4-6），该公园原址是中山著名的粤中造船厂，这块场地承载了很多人的记忆和历史的见证。在改造过程中合理地保留了原场地上最具代表性的植物、建筑物和生产工具，设计师运用现代设计手法对它们进行了艺术处理，将船坞、骨骼水塔、铁轨、机器、龙门吊等原场地上的标志性物体串联起来记录了船厂曾经的辉煌和火红的记忆，形成了一个完整的故事。它打破了一般"公园"或"园林"的概念，而是将之作为城市空间。这些原本属于工厂的生满了铁锈的弃儿，经过改造成为了园林景观里特殊的园林小品，引来了很多游客的驻足观望。这既满足了人们对于场地生命力的需求，也满足了人们好奇心的需求。但是，行为习性因群体情境、群体文化而异，因而没有一个外部空间可以满足各种行为习性。比如，凑热闹和凝思就是两个矛盾的行为习性，正如我国即便规定了右侧通行的交通法规，依然可以看到车辆逆向行驶的违规行为。所以，外部空间设计时对于行为习性也只能做到一定程度上的满足，只能做到合情合理，适可而止。

图4-6　广东中山岐江公园

第三个设计建议是要注重外部空间的生态联系。首先要关注探索自然、社会和文化元素与行为之间的关系。人们对于大自然有着特别的偏爱,在中国古典园林造景手法中常说"师法自然而又高于自然"。园林景观设计不单单设计的是景观,有很多的时候我们要将自然景观、社会文化元素等融入园林景观中。其实,外部空间环境而言,观赏景色只是其中之一,人们关注更多的是它提供给了我们怎样的活动空间,换句话说,钓鱼、喂鱼、下棋、聊天、划船等休闲活动远比一般的花草树木带给人们的吸引力大。这就需要我们格外关注环境中人的行为。其次要关注环境整体对于公共性活动的支持。我们都知道人的行为中具有依靠性,也就是说在外部空间使用时如果过于空旷往往不会给人带来足够的安全感,比如大广场,这样的尺度堪比天安门广场了,但是其使用率却十分低,究其原因还是尺度太大给人带来了太大的空旷感。所以,外部空间设计时一定要注意尺度问题。最后就是要关注不同活动之间的生态联系,外部空间中很多的活动都是具有连锁反应的,比如广场上的某些活动如踢毽子、广场舞等会引起人们的驻足围观或者参与,这一类活动也是我们研究关注的内容,尤其是在实际运用时我们要能够了解到不同活动之间会引发的一些连锁反应,便于在设计时能够更全面地考虑各个细节。

行为是环境设计时的基础,环境为行为的产生提供了可能。同样,要想设计出符合人们需求的环境自然要以行为研究为基础。

2.基于行为心理的园林景观设计分析

当前城市的很多园林景观设计者都是通过自身经验的积累和主观意识对园林进行设计,这样的设计方式具有很强的主观性,而人们对于环境适宜度的感受是不同的,因此具有一定的不确定性。在现代园林景观设计中,设计者应当对环境使用人群进行调查研究,了解其心理活动和对环境的实际需求,找到其行为规律和共性需求,从而为后期的设计奠定良好的基础。随着我国人口老龄化的发展,现代园林景观设计更多是对老年人的心理、活动、实际需求进行探索研究,而对儿童、青年人的需求有所忽略。

比如,基于老年人群体的特征,我们在进行老年人活动空间设计时要遵循以下几个原则:①便捷性、易达性、无障碍性原则。比如选择以10分钟范围以内的路程为宜,步行距离大约450m。②安全性、可识别性原则。比如铺装采用软质地面而不用水泥的硬质铺装,同时要注意防滑。路网设计要简单明确,避免起伏多变;在道路的转折与终点处应该设置一些标志物,加强环境的可识别性。③功能性原则。充分考虑"坐、卧、停、留"的各种需求。功能空间有大小分区、动静分区、公共和私密的分区。④生态性原则。要做到四季有绿,三季有花,春意早临花争艳,夏有浓荫好乘凉,秋色多变看叶果,冬季苍翠不萧条。同时可以将植物康养的理念融入环境设计中来。老年人对花鸟鱼虫充满兴趣,喜欢养生,亲近大自然。可种植色彩鲜艳的观果类植物,形成果林,吸引鸟类等动物,或专设园艺劳作区等。活动场地用绿篱的形式对场地进行围合;静态空间以观赏植物为主,乔、灌、草结合。除此之外要注意细节的处理,比如构建人性化的导视系统,同时满足老人的怀旧情绪和希望健康长寿的意愿,以及满足老人带孩子的活动空间需求等。

(三) 基于环境心理学的景观环境评价研究

在实际生活中,人们对于园林景观的设计评价通常是基于环境认知理论,即对园林景观的主要形式和空间结构进行科学客观的评价,从而分析探讨个人或是群体对于景观环境的喜好程度。景观环境的偏好评价能够在一定程度上了解人们对景观所产生的刺激感,从而评定风景园林的优势和劣势。园林景观环境偏好评价有多种评价方式,并且随着社会的不断发展和进步,这种偏好评价方法仍然在不断发展完善中。但是,由于偏好性评价的影响因素过多,很容易对人们的评价结果造成影响和改变,因此环境景观偏好评价至今尚未形成一个完善健全的体系。

课后思考题:

1.实践类题目:以小组为单位对当地的园林景观环境开展调研,形成使用人群的结构分析图。

2.思考题:

(1)请例举几个中国古典园林中运用环境心理学的经典案例。

(2)老年人的行为活动习惯有哪些?

<<< 第五章　环境心理学在园林景观设计中的
　　　　具体应用研究

第一节　环境认知理论在植物配置中的应用

所谓植物配置是指运用乔木、灌木、藤本、竹类、草本等植物材料，充分发挥植物本身的形体、质感、色彩等方面的美感，通过艺术手法及生态因子的作用，创造与周围环境相适应、相协调的环境，追求植物形成的空间尺度，反映当地自然条件和地域景观特征，展示植物群落的自然分布特点和整体景观效果。随着我国公园的不断建设，植物在园林景观构成要素中所占的比例越来越大，植物配置也越来越多地受到社会各界及设计师的关注。

一、基于环境心理学的植物景观认知

环境心理学家指出，当园林不同空间类型作为某种环境类型被人们感知之后，就会以环境意象的形式留在人们的脑海中并形成回忆。环境意象是指空间环境在意识中形成的可被回忆的形象。凯文·林奇（K.Lynch）在《城市的意象》一书中把此称作"认知地图"。需要说明的是，"环境意象""认知地图"这些概念主要在强调环境特征的易识别性。环境的易识别，意味着人们可以通过对环境中的路径、标志、节点、区域、边界等环境要素在大脑中形成一定的认知，这些认知往往都带有一定的持久性和稳定性，哪怕客观环境发生了变化，环境意象也不会轻易改变。

园林景观中占据主要位置的是植物，植物往往与路径、节点、区域、标志、边界等环境意象的形成有着密切的联系，植物本身可以作为主景构成标志、节点或区域的一部分，也可以作为这几大要素的配景或辅助部分，帮助形成结构更为清晰、层次更为分明的环境意象。

（一）视觉感知

人对环境的感知中视觉占了80%左右。视觉感知根据特点可分为深度知觉、色彩知觉和图形知觉。把视觉感知的这些特点应用到植物景观设计中，那么所塑造的植物景观将会是具有良好的画面感和艺术感的宜人美景。

1.深度知觉

深度知觉又称距离知觉,是指人对物体远近距离即深度的知觉,它的准确性是对于深度线索的敏感程度的综合测定。凯文·林奇在《场地规划》一书中提到,人能看清景物的最大视野为70~100m,这也是人对景观的最大深度知觉。

根据人眼的生理构造特征,人眼对垂直方向变化的感应要明显比水平方向的变化强,垂直视角看到的景物也较水平视角多。另外,人眼垂直视角中,向下的视野较向上的视野大。因此,人对低矮的灌木、草坪、花坛花镜、铺装、小品等的视觉感知比同一垂直视角内的其他高视野景物的视觉感知大。日本当代著名建筑师芦原义信的"外部模数理论"认为外部空间以20~25m为单位,以材质机理变化或者高差变化等形成系列感和节奏性,以此来打破空旷空间的单调感,使场地富有动感和生机,这为城市公园中的大尺度植物造景提供了设计依据。根据深度知觉的启示,植物造景时应该划分不同深度的植物景象,与路径相结合,塑造空间有变化、植物节奏感强、高低错落有致、层次丰富的公园植物景观。

2.色彩知觉

人眼对于色彩的敏感程度要远远大于对质感、纹理、形状等。对色彩感知的深浅层次不同,会有不同的生理上的反应,继而会对人的情绪和精神状态产生影响,使人产生回忆、联想等心理变化。当人的眼睛接收到不同色彩的信号刺激后,经过神经系统的传导,人的肌肉和血脉就会作出相应的变化,然后产生不同的情绪反应和心理感受。不同的色彩对人心理影响也是不一样的。实验研究证明,当受到暖色调的刺激,人的瞳孔会放大,脉搏会加速跳动,尤其是红色、黄色、橙色等饱和度和明亮度较高的色彩,会让人兴奋起来,色彩越艳丽,则对人的刺激就越大。心情沮丧压抑的人处在以暖色调为主的环境中,则会心情愉快,烦闷感也会减少很多,老人和孩子也偏好于在暖色调环境中活动。而冷色调能安抚人焦躁的情绪,消除精神压力,人在以蓝色、绿色为主的环境中,心情平静、精神放松,皮肤的温度可以降低1~2℃,每分钟的心跳频率也会减少4~8次,呼吸减缓。所以,医院的墙壁多以绿色为主(见图5-1),而病人所穿的服装也多以蓝色为主(见图5-2)。当人们工作压力大、心情烦躁不安时,在公园中走一圈,或者是去海边看看,心情都能慢慢平复下来。

图5-1 医院墙壁以绿色为主

图5-2 病号服以蓝色为主

不同的色彩带给人的感受各不相同。我们知道,植物的色彩是缤纷多彩的,会随着一天中时间不同或者季节不同而产生变化。根据色彩对人的影响,以人的不同需求和设计师的景观表达意图,选择合适的植物进行组合,就能形成富有动感的色彩和季相景观。

3.图形与背景

根据格式塔心理学观点,人在感知客观对象时会有选择地感知其中的某一部分,使对象分成图与底两个部分,图形是焦点,小而清晰,底作为背景,大而模糊。在景观设计时强调图与底的关系,区分图形和背景,有利于突出所要表达的景观主题。人们根据物体和它的背景产生不同的感觉,可以很明显地感知到图形对象,在背景中分辨出图形,而轮廓线是重要的启示。"图形"和背景的衔接部分由于色彩、质感、体型等的差别而对比形成的视觉分界线就是"图形"的轮廓线。

对静止的景观平面和立面形态来说,小面积形态的景观容易形成主体,尤其是与背景的颜色或质感形成对比时。与开放的形态相比,密闭形态更容易形成主体,整体性强的景观容易形成主体对称形态。几何形态经常是一种动感而富有韵律感的景观形态,容易作为主体。凸出的景观形态比凹入的景观形态更易成为主体。应用在植物景观设计中,孤植树与群植树林就是图与底的关系,孤植树是主体,而群植的树丛则是背景。在植物景观设计中,也常常用到三五成丛的整体性较强的树丛景观作为主景(见图5-3),或者使用和背景形态对比强烈、形成明显轮廓线的树形作为主景,如宝塔型的松柏类(见图5-4),圆球形的桂花等。

图5-3　以树丛景观为主景　　　　　　　　图5-4　以轮廓明显的树形为主景

（二）时空感知

人对环境的感知以视觉为主,通过各种感觉的共同作用继而形成空间知觉,并由空间感知能力来认识环境的位置、方位、形状和大小等。人的心理变化、时间的变化均对空间感知有影响,人随着位置的移动和时间的变化来认知空间环境,当时间和空间联系起来的时候就组成了四维空间,即时空。

1.空间的尺度

人类生理尺度的不同决定了人类感知外部环境空间的方式和角度的不同,也决定了其审美价值观的不同。人体尺度在户外空间设计中得到了广泛的应用。尺度以人为标准,按照从小到大的顺序可分为近人尺度、宜人尺度和超人尺度。近人尺度环境容易被感知和控制,如私家花园里的盆栽花卉宜人尺度使人产生亲切感,如适宜大小的观赏花坛。而超大尺度则会让人有空旷感和距离感,使人不愿意在这样的空间尺度里停留。注重环境的尺度设计,需要为人们寻找一个尺度适宜的参照物,能够和人们固有的知觉常恒性相符,使人正确感知空间环境,与环境融为一体。以步行尺度为例,根据实际观察,在正常情况下,大多数人认为步行一米的距离是可接受的尺度。根据扬·盖尔的理论,同样的距离,因为对环境的感知不同,感觉距离也会不同。如同样长的小道,如果其景观看起来单调无味或者没有任何景观,感觉上则会比实际距离要长,若是这段路程上的景观让人愉悦,在感觉上则会比实际距离要短得多。

空间尺度感知应用到植物景观设计中时,植物景观的空间尺度要合乎人的生理尺度标准。在利用植物材料进行空间围合时,要以人为本,创造出易感知的植物景观。

2.空间的形状

户外空间环境由“线”和“点”两种类型空间组成。“线”指的是穿过空间的一系列路线网,如人行道、车道、台阶、坡道等。“线”空间在心理上有一种动势,即为动态空间而非逗留空间,意指运动和变化“点”空间,包括绿地、广场、院落等,其实为静态空间。“线”和“点”这两类空间并不能截然区分,通常两者是相辅相成的,“点”空间由“线”空间联系起来,“线”空间上由于有“点”空间的镶嵌而形成步移景异的景观效果。

在进行植物景观设计时,要根据"线"空间和"点"空间的特征,合理搭配植物,使"点"空间各具特色,"线"空间连接"点"空间,形成流畅而富有韵律的植物景观。

3.空间的方位

人们通常需要用空间参照系来作为识别环境空间方位的基础,而不同的人会建立适合自己的不同的参照系,当前已经分析出了三种不同类型的参照系。一是固定点定向系统,通过认知地图会沿着熟悉的固定场所向周边扩展,例如家就是认知地图的固定参照点。二是点、角、坐标参照系,通过东西南北的方向来想象和判定环境的空间关系。三是自我中心定向系统,儿童大多数认知世界时,认为外界环境以自我为中心,认知中的环境要素没有联系,彼此分离,不成系统。在进行植物景观设计时,要有意识地形成可标识的、可记忆起的特色景观,来作为空间定位的标志性景观。

4.空间的围合

根据围合状态,空间大致可以分为开放和封闭两种形式。当间距与围合高度的小于0.5时,空间过于密闭,容易产生压抑感。空间使人有内聚感、安定感时,空间围合实体相互排斥,产生离散感。空间的开放感和封闭感还和围合的手段有关,如对空间的四角的处理对空间的开放程度就有很大的影响。四角呈封闭状态,封闭性就增强;四角呈开放状态,则封闭性会减弱。由于人的不同心理需求,设计师会设计出不同的户外空间类型,同时户外空间的不同形式也会对人的心理产生极大的影响。空间的开放和封闭是空间的领域感、私密性和公共性产生的重要原因。在进行植物景观设计时,根据人的不同行为特征和心理需要,利用植物本身的特性,设置不同的空间形式,满足人们的需求,体现富有"人情味"的植物景观。

5.空间的序列

景观的多样性和复杂性,表现为空间形态变化的多样性,我们将空间形态的有机变化称为空间序列。在中国古典园林中,通过植物和山石堆叠、收放、开合形成变化多端的空间序列。现代的植物景观设计没必要设计如此丰富的空间,但在某些空间的设计中应该考虑一定的变化,如道路转弯处、不同功能区边界、交叉口的处理等。在进行植物造景时,可以通过空间曲直、空间的开合变化、节点处的收放等方式来形成空间序列。

(三)私密性控制

1.公共空间

城市空间的空间序列可以组织成从非常开放到非常密闭的形式,在这个空间序列里,最外面的即是公共空间。比如广场、街道等,陌生人会在此相遇,大多数的交流方式是视觉接触、声音传递等。在进行公共空间植物景观设计时,巧妙布置植物,使陌生人之间的接触互不干扰,让每个使用者都能很好地控制自己的私密性不被干扰。

2.半公共与半私密空间

半公共空间是比公共空间私密性更强的空间形式,如居住区组团内部的绿地,公园中被绿篱或植物遮挡了一部分的休息空间。半公共空间既要鼓励社会交流,又要提供某种控制机制,避免过多的交流。半私密空间则是私密性要更强一些的空间,群体内部成员可以进入,而外部成员则被无形间拒绝。群体内部成员对此类空间具有控制感和领域感。在进行植物空间设计时,要通过植物的围合、遮挡等方式,创造出有利于人们交流和保持领域控制感的空间,避免摩擦。

3.私密性空间

私密空间是指只对一个人或者若干人开放的空间,这样的空间是不允许外人进入打扰的,即使有外人进入,要么进入者离开,要么原有的人会离开。私密空间是人们增加的一个控制机制,对自己的空间控制得越好,舒适感就越强。在进行植物空间设计时,如何利用植物的枝干或者外形来形成实际或者具有暗示性的私密空间,是要重点思考的问题。

4.边界效应

心理学家通过观察发现,边缘空间受人青睐,如沿着建筑物、广场等边缘处的空间聚集的人较多,而空间划分不明确的地方往往人流稀少,在转角处、入口,或者靠近树木、柱子、灯柱和招牌等有可以依靠的物体边上,停留的人明显较多。这是因为人们倾向于在环境中寻找支撑物。在靠墙或者有遮蔽的位置,以及有支撑物的空间有利于人们和他人保持距离,同时也不会使自己暴露在大众视野下,并且能观察他人。

二、基于游人心理需求的城市公园植物景观设计策略

(一) 满足景观多样性的植物景观设计策略

公园经常被认为是钢筋混凝土沙漠当中的绿洲。对于路人和那些进入公园里的人来说,公园的自然景观给他们带来的是精神上的放松、四季轮回的动态景观以及与自然界的亲密接触。

"接触自然"是经常被提及的城市居民使用公园的原因。人们用诸如自然、绿色、放松、宁静、平和、舒适、静谧、庇护所和城市绿洲等词来形容公园。公园植被的种类和数量对公园使用者满意程度有很大的影响。对设计师来说,应当创造一处从美学上讲富于变化的的空间环境,使人们渴望接触自然的需求得到最大化满足。可以通过以下几个方面的设计,实现植物景观的多样化。

1.丰富的植物材料

植物是打造自然景观的最基本、最重要的要素,植物的枝叶花果的不同、生态习性的千差万别,能够提供不同颜色、质感、体形的组合,形成丰富多变、动静结合的植物景观。

在城市园林中，植物是界定空间的基本元素，是园林中创造空间的结构性要素，同时植物的美学作用起到辅助性的作用。在植物景观设计中，从植物空间构成的顶面、垂直面和基面三个要素来看，植物材料的多样性为植物空间组合的多样性提供了多种可能。

2.多变的图底关系

为了能够更好地理解景观的结构，我们把图形称为"图"，把图形的背景称为"底"。图底关系是植物景观中不断变化和转化的因素，比如大草原上的森林景观（见图5-5），以森林为"形"时，草原就成为"底"；相反，当以草原为"形"时，森林就转化成了"底"。当图底关系十分模糊不清的时候，视觉上会来回转换图底的内容，并且并行地把"形"看作"底"、把"底"看作"形"，植物景观的形式就转化成了疏林草地。要明确的是，吸引视觉焦点的要素是"形"，它是景观风格形成的根本。而"形"与"底"的变化，则会形成多样性的植物景观，比如背景林林缘线的变化起伏不同，作为"形"的植物在体量、体型、轮廓的不同，图与底的组合方式不同，形成的植物景观也各有特色。

图5-5　草原与森林的图底关系

3.丰富的植物层次

植物大体上可概括为乔灌草，其中乔木有大乔木、小乔木之分，灌木根据体型也有大小之分，通过组合搭配，可以形成层次丰富多变的五重垂直绿化结构（高7~15m的大乔木+高4~5m的大灌木、小乔木+高2~3m的灌木+花卉、小灌木+草坪、地被等），也可以形成以草坪和大树组成的疏林草地的疏朗型植物层次。根据场地的使用功能和游人游憩时的心理需求，对植物进行精心配置，可形成多样的植物层次。

4.开合有序的植物空间

植物围合的空间有开敞式植物空间、半开敞式植物空间、覆盖式植物空间、竖向式植物空间和封闭式植物空间，不同的空间带给人兴奋、开朗、静谧、幽深、清爽等不同的感受。随着游人游览路线的变化，植物空间随之有开合的变化，形成开始—过程—高潮—结尾的有序的景观变化。

5.季相变化

植物景观与硬质景观的最大差异在于植物景观的"时间性"。时间因子是影响植物景观的至关重要的因素,它包括季节、时期和年限等,随着时间的变化,植物的色彩、形态、质感等也会随之改变,从而引起植物景观的季相变化(见图5-6)。利用植物的这一特点,在不同的区域或段落进行植物配置,可凸显不同季节特色的植物景观。

图5-6 植物景观的季相变化

(二)满足安全性的植物景观设计策略

游人在使用公园时,对安全性的担忧主要分为两类:一是由于外界刺激而会担心失去对自己独处空间的控制感,从而产生不安的感觉;二是对植物景观本身产生了不安全的感觉。因此在进行植物景观设计时,要从以下两个方面出发:一是在私密空间中要设计相应的障碍物,如不影响视线通透的绿篱或者其他形式的植物景观,把公共空间和私密空间分割开来,在心理上起到防护作用;二是在植物的选择上,要选择那些无刺、无落果或无毒的植物,让人觉得所处空间的植物景观是安全无害的、可亲近的。

(三)满足可达性的植物景观设计策略

1.视线可达性

在进行公园植物景观设计时,需要合理安排各景观节点以形成序列的景观,还应当考虑各景观节点之间的视线通透性,使游人在不同景点游玩时,能够看到下一个景点,从而调动观赏的积极性。根据节点位置和场地特征,所选植物应当注重乔灌草的合理搭配,形成简洁或层次丰富的植物景观。通过遮挡不良视线,并且利用植物本身的色彩及材质的特殊性,从而对视线起到良好引导作用,更重要的是保证各景点之间的视线通透,即景点的视线可达。

2.路径可达性

在满足了植物景观的视线可达性后,在各景观节点之间,应当利用植物围合空间和道路,形成可达的路径,方便游人在各个景点之间走动。观赏性较强的景观节点之间应当确保路径的通畅,以防形成不通畅的道路系统,比如明明可以直接到达的路径,由于灌木的阻挡,而必须要多绕一段路,景观节点之间的可达性就受到影响,该处的植物景观就不能发挥其最大的使用价值。

(四)满足可识别性的植物景观设计策略

1.明确的空间层次

植物空间具有结构的多层次性,不同结构层次下具有不同的尺度感和空间安排,以满足不同的功能需要。在进行植物景观设计时,利用形体透视和空气色彩的透视变化,使景物之间表现出远近层次关系,并利用视觉感知的特性,通过空间要素的藏露与虚实处理,使空间放大或缩小,同时在进行空间营造时,形成开合有序的景观序列,形成柳暗花明又一村、步移景异的景观效果。同时,根据游人活动性质的不同和植物空间的开放性不同,会形成从公共性到私密性的层次变化。由于空间的变化与对比,游人在游览期间就会留下深刻的景观印象,景观的可识别性就会增强。

2.引导性的植物景观

植物景观的可识别性对游人有一定的引导作用,而植物的引导性又加强了植物的可识别性。植物的引导性可以从植物本身的特性,植物与周边环境的对比,植物空间的指向性来表现。色彩鲜艳、体型较大、材质特殊的植物总是会使人首先感知到清晰的图底对比,如孤植大树或群植的树种与背景的林缘线对比较大,或是色彩对比很明显时,对空间场地具有一定的引导性,而由规则式列植形成的竖向性植物空间具有强烈的指向性与引导性。通常公园的入口处、道路转弯处、空间转换处总是会利用体型独特或色彩鲜艳的植物来进行组合,这对下一个空间有明显的引导性,也在一定程度上突出了可识别性。

(五)满足景观舒适性的植物景观设计策略

1.日照环境规划

植物对阳光具有遮挡作用,高篱浓密的枝条可以遮挡从远处投射来的日光,而枝繁叶茂的乔木的冠下空间,则是人们躲避阳光的最佳场所。在进行植物景观设计时,应当根据阳光照射的方向及其季节性变化,合理布置植物并选择适宜的植物材料,满足夏季遮阴,冬季能享受到阳光的要求。

另外,要准确掌握户外空间不同时段的光影变化,并且要考虑到各种场地的不同使用要求,合理安排植物材料的配置,高效率地利用日照条件,形成舒适的光影变化。

2.风环境规划

根据当地的风向规律,对整个公园的植物进行合理的规划、布局以及合理组织通风通道,既要减弱不利的风的形成,又要使有利的风发挥作用,还要根据风速、风向的规律,按照使用场地的属性来进行植物的配置,需要风的场地,如放风筝的草坪,则环境尽量开阔(见图5-7),而需要避风的区域,则要利用植物进行遮挡(见图5-8)。

图5-7 需要风的场地的植物环境　　　　　　图5-8 需要避风场地的植物环境

3.空间尺度控制

根据深度知觉,人能看清景物的最大视野为70~100m。过大的尺寸会让人感觉冷漠、荒凉,过小的尺寸会有压迫感,人们不乐于在场地内活动。日本当代著名建筑师芦原义信的"外部模数理论"认为外部空间以2~25m为单位,在进行植物景观塑造时,以植物材料质感的变化或者高矮的变化等形成系列感和节奏性,以此来打破空旷空间的单调感,使场地富有动感和生机。

4.构成要素的选择

植物景观的构成要素主要是指植物本身的形态、色彩和质感等。在进行美化和空间围合时,应当根据场地的功能属性来选择植物的种类,选择适合该场地的树形、色彩和质感。比如休憩空间不能使用大量的塔形松柏类植物,观景区则应使用颜色饱和度较高、色彩较缤纷的植物进行造景。

(六)满足领域感的植物景观设计策略

领域性能增强人们对环境的控制感,同时也会对别人的行为有所控制。没有领域性,人们将会面临着无组织的社会秩序,无法履行自己的权利与义务,无法保留自己的秘密,所以在城市中,个人领域的存在是非常必要的。在公园中,依靠植物景观的营造来建立领域感主要体现在以下几个方面。

1.清晰的空间划分

领域界限是领域建立的关键,良好的公园环境应该为游人划分明确的空间环境,从向每一位游人开放的公共空间,如广场、主干道、开放性大草坪,到只能容许部分人使用的半开放空间,如由植物围合的休息场地,再到围合感较强,只适合极少数人享用的私密空间。清晰的领域界限能够形成完整的领域感,界限的形式有物质性边界和心理性边界。

物质性边界又分为实体性边界和象征性边界。实体性边界主要指建筑、围墙、绿篱等有形物体对场地进行围合和界定划分,来获得较为明确的空间形态和范围。在公园环境中,植物是最主要的围合空间的材料。通过植物来围合空间,既达到了限定空间的作用,同时也使空间比较柔和,不会有压抑感。象征性边界主要指利用灯柱、小品、铺装等象征性的障碍来使人感觉到空间环境的不同,在植物景观设计中,通常使用孤植或群植的大树来限定不同的空间,或者使用不同材质、不同色彩的植物来限定不同的区域。在进行植物景观设计时,实体性边界和象征性边界可以根据场地功能要求,相互结合使用,使空间领域的划分清晰而不生硬。

心理性边界是指游人的某些活动会形成对某一场地的占领,如有游人打牌或下棋的石桌石凳,陌生人一般不会在旁边落座。心理性边界是一种无形的边界,短期内会有用,一旦活动结束,边界也会消失,所以为了更好地发挥领域性的作用,则会需要物质性边界的配合。

2.领域标志的建立

除了领域界限的限定,领域标志也有助于形成领域感。在进行植物景观设计时,不同的空间和场地,选用不同的植物,可以对人们所处的空间形成领域,使人们的活动不受到陌生人的打扰,如利用单株大树的冠下空间来形成这一空间的领域感(见图5-9)。

图5-9 单株大树冠下空间的领域感

3.提升归属感

领域感不仅体现在对所处空间的控制感,植物景观所传达的地域文化归属感也可以加强游人的领域感。在进行公园植物景观设计时,应当多选用一些乡土树种或有特殊意义的植物,如与当地流传的传说有关的植物和当地文化信仰等有关的植物等来造景,比如古树。

(七)满足私密性的植物景观设计策略

确定合理的从公共到私密的空间层次是公园私密性设计的重要目的。明确公园中各功能空间之间的界定和分隔,利用植物的枝、叶、干来阻隔视听干扰。私密性要求空间在保持封闭的同时又有开放的可能性。设计的重点是通过植物进行空间组织时,尽可能提供私密性调节机制,允许人们自由选择空间是对别人开放还是封闭。

根据私密性的特点,可以把公园中植物形成的空间划分为四个层次,即公共空间、半公共空间、半私密空间和私密空间。人的活动都是在一定的空间领域内进行的,明确的空间层次能够有效地引导游人的活动,提高空间的识别性。

1.公共空间

公共空间是能让每个人都可以随意进出,并且不会妨碍到人的私密性控制的区域,设计重点是使陌生人的接触平静而有效,保证空间的最大化。公共空间的公共性是以自我实现为前提的,公共空间中也要保留一定的私密空间,使空间层次更为丰富,在进行公共空间植物景观设计时,巧妙布置植物,使陌生人之间的接触互不干扰,每个使用者都能很好地控制自己的私密性不被干扰(见图5-10)。

图5-10 公共空间的植物景观设计

2.半公共空间

半公共空间是比公共空间要多一些私密性的空间形式。该空间的设计要点是创造一个能够鼓励社会交流,同时又要提供控制机制来减少社会交流的空间。要利用植物来形成空间的界限,但又不能将整个空间封闭起来。植物景观最好是以枝叶较为开散、能形成通透视线的植物材料来打造(见图5-11)。

图5-11 半公共空间的植物景观设计

3.半私密空间

半私密空间相对较为封闭,有围合感和内聚感,更多的是强调私密性,在这个空间里,个人或群体进行内部活动,并排斥外人的进入(见图5-12)。设计的重点是处理边界的方式,边界是声音和视线的屏障。公园内半私密空间的使用率较高,尤其是那些聊天、打牌、下棋活动,经常是在半私密空间内进行,旁人不会轻易进去打扰。

图5-12　半私密空间的植物景观设计

4.私密空间

私密空间只对极少数的人开放,属于私有领域。在这个空间内的游人,会要求更多的私密性,同时也要求能观察到外部空间(见图5-13)。在设计私密空间时,重点是有很明确清晰的空间划分,但同时边界应该是柔软的,生硬的边界会让人产生强烈的隔离感,让人感觉被隔离到一个特殊的空间无法交流,也不利于人们在该空间内的活动。

图5-13　半私密空间的植物景观设计

(八) 满足儿童和老人需求的设计策略

公园中固定的、较长时间的使用者为老人,而儿童作为另外一个特殊群体,具有特殊的行为特征与心理特征,需要设计师针对其特殊的心理需求来分析公园植物景观设计的策略。

1.满足儿童需求的设计策略

在儿童发展的各个阶段,其对外界环境的接受能力是不同的,因而产生的认知也是不同的。针对儿童发展的不同阶段,公园植物景观的设计也有不同的侧重点。

2~7岁的儿童已经开始有了最早的空间意象。针对这一心理特征,应当多使用较低矮的、颜色丰富、有香味、植物体型比较有特色、无毒无刺的植物来造景,为儿童的视觉、听觉、嗅觉、触觉、图形知觉等提供良好的培养环境。

　　7~12岁的儿童已经产生了心理组织能力,对整个外部空间会有更成熟的认知能力,对环境的探索性也显现出来了,需要比较强烈的感官刺激,所以鲜艳的植物、质地和形状特殊、花果艳丽的植物比较容易受到孩子的青睐。同时,要利用植物营造不同的小空间,为儿童提供攀爬、吊挂和躲藏等各种活动的机会。在儿童活动区应当多使用生命力强、分支点低的树木,同时这些场地的空间构成要以开敞为主,需要保持视线的通透和空间的连续,以便于儿童与外界进行交流沟通。

　　2.满足老年人需求的设计策略

　　前往公园的老年人非常重视宜人的公园环境,对老年人来说,安全、舒适、易于感知的植物景观是他们所青睐的。根据老年人对空间的需求和偏好,要求我们在针对老年人进行植物景观设计时,应该注意以下问题。

　　(1)提供便于识别与感知的植物景观

　　老年人对周边环境的反应能力和感知能力在退化衰弱,所以在进行植物景观设计时,要适当运用一些色彩鲜艳、对老人有强烈感官刺激的植物材料,并且在不同区域要打造不同特色的空间形式,使老人能够记住这些特征,在游览的时候能够快速识别出不同区域的特征。

　　(2)增强安全感的植物空间

　　给予老人足够安全感的景观可以鼓励老人进行各项活动。植物所围合的空间不能过于封闭,应当处于别人的视线内,同时也能看到别人,最好是以半封闭或者开放式空间为主,尺度不宜过大,并且应有精神上的防护区域,如利用植物与建筑相结合,形成围合防护区。植物景观应当有高可识别性,防止老人迷路。

　　(3)舒适的植物环境

　　老人在公园内的活动主要是以晨练、散步和安静休息为主,对植物的舒适度要求较高。

　　老人对光与热的敏感性较强,因此在进行老人活动区的植物景观设计时,要注意对阳光与风向的控制,夏季遮阳,冬季晒太阳,对于冬季有季候风的城市,还应当注意风环境的规划,利用植物打造冬暖夏凉的舒适小环境。

第二节　格式塔心理学在园林景观设计中的应用

　　通过前面的学习发现格式塔心理学与其他的心理学不同,由于它在视知觉方面有着很全面的研究,而且大量的研究表明人的心理与视觉的联系非常紧密,这就为格式塔心理学与艺术之间搭建了非常好的基础。所以,格式塔心理学被广泛地应用于建筑学、工业设计、平面设计、园林景观设计等各个领域。

一、整体论

在景观设计时，通常会运用一些相似的元素结合在一起去增加景观的整体感，在设计之初通常会结合具体的项目，分析项目的特点，找到某一个切入点来设计景观。在景观平面设计上，点、线、面的运用是找到整体感的关键。比如我们看到的哈佛大学唐纳喷泉（见图5-14），位于一个交叉路口，是一个由159块巨石组成的圆形石阵，所有石块都镶嵌于草地之中，呈不规则排列状。石阵的中央是一座雾喷泉，喷出的水雾弥漫在石头上，喷泉会随着季节和时间而变化，到了冬天则由集中供热系统提供蒸汽，人们在经过或者穿越石阵时，会有强烈的神秘感。唐纳喷泉充分展示了沃克对于极简主义手法纯熟的运用。虽然景观石头排列并不规则，但我们依然能看到一个圆的形状，这其实就是构图上的整体感。当然我们在将园林的各个景观要素植物、建筑、道路、水体、山石等组合在一起时也是在讲求设计的整体性。对于设计师来讲，整体论的理念在设计的第一步能够提供一些设计思路和设计技巧，从人的心理角度考虑，从景观的平面构成开始再到意境的营造，设计出更能够被人们所接受的并且能够长久发展的景观。

图5-14　哈佛大学唐纳喷泉

二、组织律与我们的景观设计

什么样的元素会有什么样的关系从而被一起感知，这就是我们要讨论的格式塔心理学中组织律对于景观设计的具体影响及具体实施设计的方法。利用组织律的原则，设计师在设计时可以对一些元素进行有序或有关系的组合，让空间中的各景观元素之间的组合能够更明确，主次关系比较清晰，这样的空间就不会让人觉得很突兀、单调，更容易让人将景观空间看作一个整体，这样人在视知觉的过程当中，就会更快、更容易接受并喜爱该景观。比如，图5-15是遂宁滨河湿地公园的平面设计，其很巧妙地运用了图底关系，甚至做到了图中有底、底中有图。该湿地沿河为带状湿地，大片绿地在河的衬托下尤为显眼，可看作为"图"，大片绿地用弧线延伸，视觉感官很舒服，与水面搭配在一起,也十分有趣。而当我们把视线集中于这一大片绿色的时候,我们的视线则会被其中一个个小型的圆形水面和一条条人造走廊所吸引,此时我们可以发现,刚刚还作为"图"的大片绿地,此时已经作为"底"在衬托水面与走廊。其实类似的图底关系在园林景观中运用很多,大家不妨也去找一些典型的案例来分析一下。像园林艺术手法中的节奏与韵律、对比与调和等都是组织律在景观中的运用。

图5-15　遂宁滨河湿地公园平面图

三、视觉力场

在景观空间中视觉力有三种最基本的要素——点、线、面(体),虽然有些我们是看不到的,但是我们能够感觉到它们的存在。设计师经常在两条轴线的交汇处放置一个雕塑小品,这在视觉力场中就是一个点,而一排树可以标示出一个面的轮廓,平面可以围成一个体,并且这个体量构成了占据空间的实体。比如颐和园的谐趣园就是以涵远堂为中心依次排布的(见图5-16)。涵远堂作为一个点元素以自身为中心向四面发散出张力,控制整个景观空间,这就是一种视觉力场的应用。除了点还有线和面的例子,像园林景观分析图中的景观结构分析图就是用来对景观设计要素的结构进行分析,这种分析可以为我们提供一个直观的组成元素设计优缺点的画面。我们在营造组合景观视觉力场的时候,不仅仅要把各元素组合起来,还要确定元素形式是否合适,色彩是

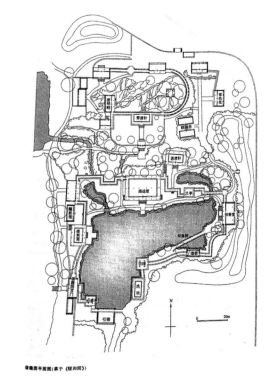

图5-16　谐趣园平面图

否和谐等。

四、异质同构

异质同构的本质是指美,其实就是一种符合人的心理满足的力的样式,虽然我们并不能直接看到它,但它又是真实存在着的,而且不是说它有就有、无就无,而是应从审美、艺术的角度去看,能不能被人所知觉、接纳。比如在硬质铺装中,有一个拉链式的小品,游客路过时会觉得很有趣,这里的拉链不是我们平时使用的衣物、箱包上的拉链,它的材质改变了,但是造型特点可以让我们知道它就是拉链。这样的小品生动有趣,将原本无趣的路变得有景可看。

将硬质铺地视为图的话,周围的绿地就会成为底,硬质铺地的形状同时决定周围绿地的形状。在一个节点空间中,里面一个空间的形态同时也定义和影响着另一个空间,设计者要通过空间的联系过渡与转化,塑造出丰富的景观空间和层次。

对于各种大小不一、规则或者不规则的活动广场,设计者要想界定和加强空间感,可以通过景观灯、景观柱、铺装等景观元素的合理布置,让广场成为一个完整统一的小空间。

视错觉的手法可以用来增加景深。比如留出长长的透景线,利用水面折射出倒影。夹景都可以用来增加景深,让空间显得更开阔丰富。空间的组合越多,就越显得丰富多彩,人们也更能通过空间的变化感受到趣味。

第三节　行为心理学在园林景观设计中的应用

行为心理学主张行为作为心理学的研究对象,而不是意识。行为心理学从行为特性出发,探究人的行为心理与环境之间相互作用的关系。根据人们的行为习惯和特性,总结出人们对外部空间环境有着私密性和开放性的心理需求,同时也要求环境安全、实用和宜人。不同年龄、性别、社会角色的人也会有不同的行为特征,如男性和女性对空间的选择就有不同的倾向。按照杨·盖尔的划分,公共空间的户外活动可以分为必要性活动、自发性活动和社会性活动,这三种活动使得公共空间富有生气。根据研究表明,人们在户外活动中总存在着一些行为习惯,比如喜欢抄近路;运动和游览的方向一般为逆时针方向;除非有特殊目的,人们更喜欢在有依靠和屏障的节点边界停留,而非节点中央;人们喜欢观看其他人和他们的活动;人们同样喜欢围观;比起台阶,人们更喜欢坡道等。

一、基础理论

(一) 标志性建设

我国幅员辽阔,不同地区生长的植被也存在很大差异,在园林建设中要树立一定的标志性结构,使园林能够具有区别于其他自然景观的特点,也更符合游览者在观赏时的行为心理学。标志性建设并不一定是建筑结构,也可能是一些特殊品种的植被。设计人员可以选择当地具有代表性的植被组合形成一个观赏园,通过巧妙的构思设计赋予其一定的内涵价值,使游览者在观赏植物景色的同时能够被其设计所触动。一般来说,园林内部的标志性建设位置选取不能过于偏僻,可以选择正中或偏中的位置,并保证标志性建设处和周围的景色能够融为一体,而并非独立存在形成割裂空间。

(二) 序列性展现

从行为心理学的要点分析,游览者在园林内部是按照一定的次序和路径进行观赏的,在景观设计方面也需要考虑一定的序列性展现问题。一般在园林场景内部比较平整宽阔的场地中,可以运用一些较为平直的竹、松等进行空间的分割和排列,并通过植被的合理规划,建设一条引导游览者逐渐深入的道路,构成一定的游览次序。在一些地形条件变化多样或存在起伏的区域内,可以尝试运用一些高低错落的植被构成弯曲的道路。在展现园林中曲径通幽美感的同时,又更好地规划出了前进的道路,突出了园林设计的序列性。在这种顺序性的设计当中,必须进行一定的路线优化处理,严格参考游览者的行为心理学要素,突出设计美感。

(三) 集中性设计

集中性设计可灵活运用在不同的园林区域场所中,如植被种植的疏密程度会在视觉上给人不同的心理感受。一般在园林场所的出入口可以将植被种植得更加密集一些,快速引导游览者形成不同的观赏体验,并与园林之外的场景形成一种分隔,突出自然的美感。在一些具有引导性的道路两旁栽种植木时,可以采用均匀且对称的方式,使游览者能够更加直截了当地体会到设计者的用意,而道路内侧的植被种植点交错随意,更符合深林幽静的特点。

(四) 边界性隔离

不同种类的植被在交错种植时会产生一定的边界性。设计人员可以利用这一特点,在园林设计时规划出具有一定边界性和隔离性效果的区域,为游览者提供一些更加具有密闭性的空间场所。运用一些较为低矮的球形灌木丛能够在距离上弱化间隔,同时又较好地兼顾了视觉上的连通性 (见图5-18),利用这种具有模糊效果的植被进行边界性的隔离建设应用优势更强,也避免了在一些完全隔绝视觉的密闭空间内留存安全隐患的问题。边界性的隔离设计不仅仅可以应用在园林的边缘区域,在园林中间位置也可以通过这种方式隔离出不同的景致风格。如在凉亭假山的周围就可以种植一些较为高大的树木以增添气势,而在池塘湖泊的周围可以种植一些低矮的灌木实现景色的过渡与点缀。

图5-18 植被形成的边界

(五) 区域性规划

在园林设计当中必须要充分考虑不同区域的观赏性功能和景色的协调性,通过合理的规划尽可能地开发园林区域内的景观,提升园林的特色。如在池塘湖泊的周围需要种植一些更加喜湿的植物,使其能够在多水的环境当中生长。邻近岸堤周围的地区可以种植一些水生植物,使湖面的景色更加丰富有层次。在平坦的地区也可以种植草坪,供游览者休息玩耍等,有效增加了园林内部的服务性功能,使游览者能够更好地与自然亲近。不同的园林区域在功能定位上有很大差异,在充分考虑游览者的行为心理、场地环境与面积限制的基础上,设计者通过发挥巧思和园林建设科学,不断对区域设计进行优化,并保证每一个区域之间的连通更加合理多样。

(六) 内部铺装设计

园林中会涉及一些道路设计,常见的山间小路可以运用石阶进行拓展,平坦区域内可以用碎石铺路,湖面上可以使用木桥延伸景观。不同的装铺设计可以将游览者带入不同的景色当中,并要求做好安全设计。一般道路两侧都需要竖立照明灯,地面上也可以通过加装一些具有反射效果的碎石警示游览者,在桥两侧要竖立栏杆并严格控制间隙宽度,防止有幼儿从中穿越跌落。道路的铺装设计是引导游览者的重要标识,要求在设计时做好规划,尽可能地展现丰富的园林景观,带给游览者以更大的心理享受。

(七) 色彩搭配运用

虽然在园林设计中大部分的植被都呈现绿色,但在实际设计中还需要考虑到不同的色彩搭配和对游览者的视觉刺激的差异。一般园林内部的假山都呈现灰色,顶部凉亭可以用朱红色的油漆涂刷显得更加突出,在植被的种植上也可以选择色彩更加丰富的花朵予以点缀,使景致更加差异化和层次化。以绿色为例进行分析,松树的绿色偏深、灌木的绿色突出、柳叶的绿色鲜嫩,通过不同明暗深浅的颜色搭配,也能够更好地抓住游览者的观赏兴趣(见图5-19)。色彩的搭配要保证统一,大面积地运用跳脱颜色装饰可能会破坏自然景观本身的特点。这需要设计人员基于美学原理展开合理搭配,兼顾园林景色的古朴与美感。

图5-19 绿色的深浅搭配

总之,在园林景观的设计中必须要充分考虑不同游览者的心理状况,不断挖掘不同设计带来的感受差异,尽可能实现设计的广泛性和综合性。园林景观包括不同品种和数量的植物、亭台山石、曲折路径等,每一样的设计都必须要能和场地的规划贴合在一起,突出其美感和设计特色。在园林中需要有一定的标志性建筑,并按照符合人类行为心理学的顺序进行展示,在游览的同时获得视觉、触觉等多方面的综合刺激,使园林的美观价值得到突出。

二、园林景观中的行为心理学应用

节点和节点要相互联系,当人们能在一个节点看到另一个节点的景象和活动时,就满足了人看人的需要。这种手法在中国古典园林中被称为对景,这种节点的联系让公园空间更为丰富。儿童比较好动,因此偏爱大的空间。儿童活动场地的地面应采用沙地、塑胶或草坪,以避免儿童跌倒时摔伤。植物要选用无毒无刺的植物,可以选择一些颜色鲜艳的花卉、分枝点低的小乔木。设施不能出现尖锐的角,避免出现安全事故。

老年人喜欢扎堆在一起打牌、下棋或晒太阳,这种活动场地面积小,并且具有一定的临时性和不确定性。老年人更青睐于安全舒适且易于感知的环境,半开放半封闭的空间较为适宜。设计师可以选择一些色彩鲜艳的植物,以强化对老人的感官刺激,八宝景天、诸葛菜、萱草、鸢尾、马蔺是不错的选择。

要丰富广场边界的设计，塑造出多样的小空间，同时通过景观柱、运动设施、座椅、报刊亭、文化墙等景观小品或构筑物来满足人们活动的需要，增加广场的活力与生气。人们需要一定的私密空间，也一定程度上要保留与外界的联系，因而可以通过树丛、绿篱、漏窗、矮墙等景观元素来围合空间，保持单向的视听，同时在公共空间和私密空间之间可以设置过渡空间。

绿地的边缘和落叶林下是布置座位的绝佳场所。而在路边布置座椅时，座位要沿着路边后退一定的距离。休息设施的布局和朝向在很大程度上会影响游人的交流，当座位的布置围合成内聚空间时，游人的沟通和交流会更为方便。

第四节　环境心理学在我国乡村景观设计中的应用

随着人们心理需求层次的不断提升，在景观欣赏中，人们更多地关注心理层面及精神层面的更高层次追求。景观设计中的应用环境心理学是通过景观给人们带来直观感受，以满足人们对环境的心理诉求。正如日本著名社会心理学家相马一郎指出："以人的行为为主要研究对象，从心理学的角度分析了什么样的环境才是符合人们心愿的环境是环境心理学研究的主题。"

一、环境心理学在乡村景观设计中的应用

在乡村振兴战略的推动下，我国乡村景观的质量有了大幅度提升。有一些乡村具有中国传统园林空间的布局、尺度和观赏效果，传承和发展了中国传统园林文化，反映了人们的心理审美要求。有一些乡村景观为乡村旅游提供了必要的观赏和体验的环境，满足了人们寻求文化根源、探求时代与历史结合的需求。

（1）与乡村历史文化的融合。乡村文化景观具有地域性、文化性、多样性、复合性、延续性和稳定性等特征。在乡村景观设计过程中，延续乡村的历史文化、地域特征非常重要。德国的规划界学术大师阿尔柏斯教授曾说："城市就像一张纸，人们不断刷洗、书写，但总会留下旧有的痕迹。"在乡村中留下的就是历史留下的"痕迹"，而人们心理上对这些"痕迹"有自豪感。在乡村景观设计中融合乡村当地的历史文化、地域特征，使其能够延续下来，能给使用者带来归属感。

（2）公众参与带来的舒适感。参与式乡村景观设计方法，是指在设计的前、中、后三个阶段都有人的参与。通过咨询与调查，了解人们的心理意向，从而给使用者（景观参与者）带来舒适感的设计。村民在乡村景观场地里有自己的心理意愿，就可以开心地参与到景观场地中，与环境舒适地融合在一起。

（3）尺度适宜产生安全感。人们在交往的过程中都会保留一定的尺度感，也就是

所谓的"空间气泡",当自己的"气泡"与别人的"气泡"重合时,就会打破安全空间,让人感到不安而走动,进而调整人与人之间的距离。在环境心理学中,当人进入外部环境时,大多趋向于先找一个角落或没人的地方休息、停留,以保证个人的"气泡"不被干扰。在我国乡村景观设计中,需要充分考虑尺度感给人带来的感受,如安全感和舒适感。

二、乡村景观设计应用研究中存在的问题

(1)设计千村一面,忽略使用者的体验。在乡村景观设计中,整齐的街道、硬化的铺装、彩绘的墙面等成为乡村建设的模板(见图5-20),而对村民的体验关注较少。伯恩德·施密特提出,体验是对某些刺激产生的内在反应,它关系到整个人体,无论来自直接观看或参与某事件——无论是真实、梦幻般的还是虚拟的。斯科特·罗比内特认为,体验是企业与消费者交流器官刺激、信息和情感要点的集合。因此,要设计美丽乡村的景观就要关注村民的心理需求,关注村民在自家村中的体验,形成村民的村庄,而不是设计师、工程师的村庄。

图5-20 千村一面的乡村景观

(2)相关研究以建筑心理学为主,景观心理学相对较少。国内的部分研究中较多提到人的心理学与建筑设计的关系,而真正提到人的心理学与景观设计的研究较少。景观设计本身就与建筑设计密不可分,环境心理学的研究也应该在建筑心理学的研究基础上总结和完善,并应用到乡村景观设计中,指导乡村景观建设。

(3)传统园林的心理学思想,尚未形成综合理论,但已应用在我国的传统园林中。有很多地方都存在心理学的思想,如庭院设计、尺幅窗、无心画、园林建筑等,都契合人的心理感觉体验,但并未形成专门的景观环境心理学的理论,更没有很好的传承。尤其是在乡村景观设计中,基于传统园林文化和艺术的环境心理学的景观应用更没有形成综合理论。因此,应该分析和总结中国传统园林中的一些优秀的思想,形成乡村景观园林的心理学理论,并应用于实践。

（4）环境心理学在乡村景观设计研究中较少。在国内诸多文章中，只有几篇是研究环境心理学与乡村景观设计的，而且它们的内容也只局限于环境舒适感与心理学的应用上。乡村景观设计内容丰富，每一方面都与人的环境心理学密切相关。因此，要系统、全面地研究环境心理学与乡村景观设计的关系，并形成一套系统的理论和方法，才能指导乡村景观设计研究。

三、环境心理学在乡村景观设计中的应用策略

（一）基于人的感受与体验的乡村景观设计

王宁认为体验是一种由客体的刺激所产生的切身感受，感受是体验产生的基础，两者的产生都源于客体与主体的相互作用，区别在于感受侧重客体，体验侧重主体，体验是感受的升华和深化。乡村景观设计的成功与否由当地村民内心深处判断。人在景观环境中起主导作用，人的心理行为是景观设计的依据和根本。心理学提供了景观与环境中"人"的观点。人可以改变环境，环境影响人的行为。环境是行为的潜在因素，只有在适当的行为配合下，环境才能产生影响，而不是以一成不变的方式影响人的行为。实际上，环境是作为完整的领域被人所感受和体验的，其被认识为一系列的心理图像。人有环境的特性，也有个别心理的特性。结合环境心理学可以更好地满足村民的需求，促进美丽乡村建设。

（二）基于格式塔心理学与多元文化的交流

格式塔心理学是能很好指导景观设计的心理学理论，设计者可积极将其作为理论指导，在乡村景观的设计中进行积极运用。首先，新农村建设的背景下，单体建筑物模式化，数量大规模减少，以大模块组成的群体图形清晰明确，使单体建筑成为一种稳定且易被感知的图形，从周围的环境中突显出来，其与环境形成一种相对脱离甚至对立的状态。因此，从图底关系及生态知觉理论的角度来说，在处理图形与背景的关系时要注意这一点，尽可能地弱化和模糊建筑景观与自然环境之间的界限，避免打破景观与环境之间的和谐性和一体性。其次，在乡村外部公共空间的设计中，要尽可能避免农村社区与城市小区的趋同，不能只注重建筑层高，即空间形态在垂直方向的发展，从而影响外部空间的联系性和整体性，使外部空间失去活力。最后，还要注重乡村景观整体立面的差异性，避免采用高度统一化形式的建筑景观规格；相反，要让乡村外部适当保留传统线性的立面形式，并保留一些高低起伏的不同形式的屋顶，使之与天际之间形成不规则的分界线，使乡村景观成为天空和大地的过渡，从而使三者有机地融为一体。

（三）基于同一环境对不同人群的心理影响

现代社会中，多元文化、多种观点相互交融碰撞，人的心理状态也容易产生变化。不同的心理状态就会发生不同的行为变化，即使同一个人对同一个事物的想法在不同的时

间也会有所不同,相应地也会采取不同的行为。因此,仔细研究人的心理尤为必要。对景观工程来说,从项目的策划到设计、施工、交付使用,这一过程中会有不同的人群参与,包括管理者、设计者、建造者、维护者以及人民大众,每一类人群都有特定的心理状态,其心理又影响人们的行为,最终影响景观工程的实施。根据马斯洛的需求理论,影响人行为的个人心理因素包括人的5种基本心理需要,即安定感、个人感、社会需要、自我表现的需要以及自我丰富的需要。这5种需要相互贯穿,从低级到高级形成一个金字塔形的人类心理需求模型。所以,设计者应具有分析各种人群不同心理状态的能力,能够综合控制各种各样的心理矛盾,从而提出最佳、最可行的设计方案,取得最好的设计效果。

(四) 基于地域文化与需求的乡村景观设计

在城镇化大肆推进的浪潮下,无论是物质方面还是非物质方面的乡村文化景观,都在一定程度上遭到冲击和破坏。乡村景观设计在城乡一体化进程中,都是沿袭城市景观设计的理念及模式,忽略了乡村本来的文化特点及发展需求,趋同化的照搬难以满足乡村居民对景观设计的文化需求。乡村的历史变迁与乡村景观的发展关系紧密,乡村景观如同一本乡村断代史,记载乡村历史的面貌。从环境心理学的角度出发,保留乡村景观设计的文化属性,传承乡村文化、保留乡村社会关系,满足居民的文化需求,才能保证乡村景观设计的科学、合理及可持续性。因此,首先,设计者要置身于乡村的语境中,用乡村的思维逻辑并结合当地乡村的地形地势、乡土特色、人口与土地情况、人们的生活习惯、风俗信仰、农耕文化等特点,设计景观,找到一条适合乡村的景观发展之路。其次,先祖们在乡村生活中传承的建设经验保留了非常难得的文化及智慧,设计者要积极从中吸取经验和智慧,让乡村景观的设计和建设更加诗意和谐、安全且亲民。最后,还要结合当地村镇现有的山川、树木、石林等,最大限度地就地取材,以保留其地域文化色彩,并结合当地的建设方式,彰显人居与自然的和谐共生,让居民对乡村景观产生亲切感和依赖感,从而构建美丽乡村。

在乡村振兴和美丽农村建设的热潮下,乡村景观设计取得了一定的成果,但也出现了同城市景观趋同的现象,忽略了村民的心理及行为需求。因此,分析环境心理学在乡村景观设计应用研究中存在问题的基础上,从环境心理学的角度,提出了创建合理的乡村景观设计的建议,以期提升乡村景观设计水平,使其能够更好地满足村民的心理需求及精神追求,更大可能地继承和弘扬传统的乡村文化,更大限度地促进人与环境的和谐发展,促进美丽乡村建设。

四、基于行为心理学的历史文化空间优化策略

在现代化快速发展的过程中,我们需要准确地把握城市历史文化与现代化建设之间的关系,明确城市历史文化空间在城市空间中的作用和地位,有效地利用城市历史文

化空间,采取有意义的历史、文化改造方式,引导城市空间的可持续发展。

历史文化空间保留了当地的文化特色,形成了独具风格的空间场所。它作为城市公共空间的一部分,是促进人群活动发生的场所,其空间的内在构成逻辑也应该符合人的行为规律。人在不同的空间环境下,会有不同的心理需求。这种需求反映在空间上,就是"公共空间—半公共空间—半私密空间—私密空间"。我们需要根据不同的心理需求,合理地规划、分配空间中的环境要素,提升空间的利用率和人群的舒适感。

(一)安全需求——边缘空间多元化

人都需要一定的私密性空间,不希望自己的行为被他人察觉或影响。所以,人群在空间中都会选择边缘空间,或者有树木、草丛遮挡的位置进行休息,这是一种自我保护的本能。针对这一现象,应该在宽窄巷子的空间边缘设计中,融入对私密性的考虑。可以将休憩的场所规划在树丛之后或树丛的一侧,这样可以利用景观绿化带形成较好的私密性空间。

(二)从众心理——空间合理分配化

在调研中发现,大部分人群在空间人群较为拥挤的情况下,也会被空间中举办的某些活动而吸引。但这一部分人群往往不会在空间中过多停留,因为拥挤的人群会将他们推向另一个空间。所以在后期的改造设计中,可以合理地运用铺装的色彩来划分通行空间与观赏空间。通过色彩引起的心理效应,引导人群自动分离,实现空间资源分配的合理化。

(三)好奇心理——创造空间历史文化

优质的历史文化空间应包含当地特有的历史文化风貌和民俗特色。在优化改造中,可以参考成都井巷子中文化墙的方式(见图5-21),在宽巷子和井巷子中的一些建筑背景墙上,融入当地特有的元素符号,以增强空间的历史文化感,提升空间历史的代入感。创造空间的多元趣味性,将商业活力与生活闲趣融入历史文化空间内。通过体验性的商铺吸引人流,利用转角空间或广场空间创造小型公共活动的交流空间,促进各项活动的开展,为人群在空间内作短暂停留创造可能。

图5-21 成都井巷子文化墙

（四）舒适体验——空间容量精细化

舒适性是人群在空间活动中是否愉悦的评价指标之一，也是将通过式行为转化为停留式行为的因素。而在非工作日或节假日人流高峰期，这两条巷子的人流往往都会超出空间的承载力，形成"水泄不通"的场面，造成游客的游览舒适感下降。然而，位于宽巷子和窄巷子旁的井巷子，作为宽窄巷子的组成部分之一，在人流高峰期，却鲜有人前往参观游览。所以，对于宽窄巷子这类历史文化空间而言，应设置相应的人流管控系统。一旦人流量达到空间的承载力峰值，便建议新来的游客选择其他的游览路线，错峰游玩、观赏。有研究发现，当人群密度在1.2人/m²时，人群在空间中的舒适度是最佳的，且各项活动之间不受干扰。所以，可以据此估算某地的最佳人流峰值，然后将此数据融入智慧人流管控系统中，合理地对人流进行引导。

历史文化空间是城市文化的积淀和延续，是一个城市最好的"空间语汇"。合理、高效地使用历史文化空间，对于城市的文化影响力和竞争力具有极大的促进作用。因此，基于行为心理学的视角，通过人群活动来研究空间利用率，进而提升空间品质。研究的结论主要为：宽窄巷子非工作日人流量明显高于工作日人流量，整个历史文化空间内人群分布不均，致使一部分空间人群舒适感不佳。这说明人流量与空间容量不相匹配，需要对空间进行合理的容量估计，引导宽窄巷子的可持续发展。基于行为心理学的人群行为探究，发现游览路线的制定、室外活动空间的布局对空间的高效使用有重要的影响作用。

第五节　环境心理学在大学校园设计中的应用研究

21世纪，我国掀起了新一轮的高校建设热潮。1999年，我国大学开始大规模扩容，高等教育总规模在三年内翻了一番多，校园建设规模空前之大，建设周期短，校园规划格局以符合分区为主流，积极探索大尺度下的结构控制方式已成为校园环境景观建设的新特色。

在高校校园不断变革的社会背景下，校园景观难免会出现不尽如人意之处。例如形式主义，许多新建的高校校园一味追求表面形象塑造，追求"高""大""上"的视觉直观体验，却忽视了校园空间如何被有效利用，忽视了校园景观在塑造过程中使用主体的心理需求和行为习惯，造成许多校园空间的利用率不高，甚至出现无人问津的尴尬局面。究其缘由，还是设计人员在设计景观空间时对活动事件性质、人员聚散的心理偏好以及心理需求等把握不够准确，忽视了环境心理学在校园景观中的应用。例如在某些新建成的校区之中，布局分散，功能混乱，景观环境空间无法刺激使用主体的沟通交流欲望。不同性质的空间环境，缺乏与过渡空间的有效衔接；景观环境缺乏人性化考虑，甚至与人性化设计相背而驰。

一、高校校园景观的主体使用人群的心理与行为研究

近年来关于大学生心理健康的研究表明，相当一部分学生心理上存在不良反应和适应障碍，心理疾患发生率高达30%，并持续呈上升趋势，表现为焦虑、强迫、恐惧、抑郁、精神衰弱等，明显影响了一部分学生的健康与成长。大学是进入社会前的一个过渡载体，而大学生是这一载体中具有一定特殊性的社会群体，对于日常生活与学习要依托高校校园的大学生而言，他们的心理问题有其一定的独特性。一方面，由于大学生本身属于青年社会群体，存在一些不足之处，如阅历不丰富、心智不成熟等；另一方面，校园环境对大学生的影响也是不容忽视的。

（一）学业考试压力

大学的学习方式相较于高中时期有了较大的改变，从高中的老师家长耳、提面命式监管教育变为自主学习、自我管理式教育。这种变化让许多新入学的大学生感到不适应，许多大学生在失去监管后，逐渐失去学习动力和学习兴趣，甚至一些大学生由于自身自控能力较差，导致放弃学业、沉迷游戏等。学业上的要求、考试过级带来的压力无时无刻不压迫着大学生们，进而产生焦虑的负面情绪，如果不能较好地调节负面情绪，很容易引发一系列心理问题。

（二）人际关系

人际关系是人们日常生活中不可避免的，无论身处在哪一阶段，或多或少都会接触到人际交往。人际交往更是大学生活的重要部分之一，对于许多大学生而言，大学时期是他们真正意义上第一次以单独的社会个体身份融入周围交际关系之中。由于地域差异、观念的不同以及个人性格迥异，交际的过程中产生摩擦是在所难免的。如果不能很好地处理摩擦与矛盾，久而久之，在人际交流过程中会产生挫败感，严重者很可能产生排斥、敌视、冷漠、逃避交际等一系列心理问题。

（三）情感问题

现如今，高校校园爱情早已是普遍现象，甚至是大学生活中浓墨重彩的一幅篇章。然而在其背后仍然存在诸多隐患，如情感的破裂、网络恋爱、性等，这些都是由情感引发的问题。大学阶段是人生接触两性情感的青涩时期，大学生对情感的处理，可能有不理智、不成熟的时候，从而给自己和对方带来伤害，更有甚者引发伤人、自杀等一系列恶性事件。这些问题在校园生活中的实例不在少数，不得不加以重视。

（四）表达自我

马斯洛需求理论将自我实现列为最高层次的需求，将自我展现出来获得他人的认同感是每个人的心理需求。受自立意识和智力趋前感的支配，大学生的思维和行为常常带有强烈的自我显示倾向。实现自我、展现自我价值是大学生迫切的心理需求之一，但在大学这一舞台中，往往只有少数人能够获得认同感，收获成就感，大多数学生都无法展示自我，从而产生失落、自卑、沮丧等情绪。

高校大学生中有心理问题者，大多数属于一般性心理问题，通过心理修复即可回到健康水平。当前不少高校简单地将心理修复视为室内的言传身教，忽视了户外校园环境对学生心理健康发展的影响。学校风景园林除为学生提供学习、休闲、观赏、游憩等常规服务外，理应提供心理修复这一功能。

二、大学生的心理特征

大学生群体具有一定的特殊性，此时的大学生正处于青春期向成熟期过渡的阶段。这一群体，具有其自身最为鲜明的特征。一方面，大学生群体活力无限、追求创新思维、充满求知欲望、乐观开朗、积极进取、朝气蓬勃，是青春活力的典型代表群体。另一方面，他们大多是独生子女，在其生长环境中缺乏集体意识与合作意识，较强的个性有时会成为交际的障碍，欠缺为人处世的能力。有时在校园生活中受挫，那些心理承受能力较差的大学生，就会产生悲观、焦虑、沮丧、嫉妒、自暴自弃等负面情绪，甚至严重者会选择自我封闭的交际方式，进而产生一系列的心理问题。

（1）如今课余时间活跃在大学校园里的学生越来越少，相反越来越多的大学生选择宅在寝室里。"宅"文化其实是对私人空间的极度追求,在社交上表现为封闭式的心理状态。大学生的宅表现在每天"教室—食堂—寝室"三点一线的生活状态,能不出寝室就不出寝室。一方面源于大学生消极社交,逃避交际;另一方面随着网络的普及,大学生更倾向于在网络中进行社交,在虚拟网络中获得交际的满足。对一些大学生而言,宅的表现是逃避行为,这会使得他们脱离正常的社会交流,让他们日渐丧失正常交际能力。

(2)不善交际,在日常交往的过程中往往表现得过于紧张,说不出话,在交流过程中容易害羞,不敢正视对方。这些大学生不敢参与集体活动,害怕表达自我,给人以唯唯诺诺的印象。不善交际、羞于表现的行为,若是不加以改善往往演变成孤僻、不合群等一系列心理问题。

(3)还有一些大学生过于自负,往往眼高手低,对自己有着过分的自信。看不起周围的人与事,不懂得为人处世,很难与周围的同学融为一体,游离在群体之外。

这些都是当代大学生典型的心理特征,造成这些现象的原因可以归纳为:当代大学生有其自身的独立精神和自我自尊意识,但仍摆脱不了对家庭的依赖,心理素质并不完备,抗挫折能力不强,人际交往若是受挫很容易产生郁闷的心理情绪。

三、大学生的行为需求

(一)社交需求

俗话说:大学校园就是小社会,作为这个小社会中的一份子,必然会对交际有需求。在不断的社交活动中,大学生获取的不仅是彼此感情的沟通与交流,更能获得自我需求、自我价值的体现。良好的社交活动不仅能促进个人交际素质的提高,更能促进个人身心的健康发展。

(二)学习需求

校园的本质还是为学生的学习提供场所,除了教室、图书馆、实验室这些典型室内学习场所外,校园景观空间还应提供充分的场外学习场所。大学生的学习不只是课本中的理论的学习,有时需要通过集体讨论、交流、论证,甚至需要通过集体活动的形式参与,这时户外学习空间就显得非常重要。同时,户外校园学习空间也提供了大学生独自安静思考的空间,为自主学习提供了平台。

(三)精神需求

大学时期正是世界观、人生观、价值观形成的重要时期,精神文明的建设尤为重要。但大学生的精神现状却存在诸多问题,如有理想却急于求成,有求知但缺少养成,个性张扬却忽视个性融于集体的事实,甚至一些大学生缺乏正确的精神引领,导致信念丧失等。因此,校园景观作为大学生提供精神需求的场所,同样也是不容忽视的。互动空间、教育空间、历史空间的营造,在丰富了大学生精神建设的同时,也提升了校园的思想内涵与人文文化水平。

(四) 自由需求

自由体现在控制感上,取决于对自己的行为支配程度,其实这也是安全感的一种体现。校园景观中存在针对大学生私密性、安全感的设计,能使大学生满足其一定的心理需求。在私密性空间中,他们能自由支配自己的行为,使得压力得以宣泄。

三、大学生校园活动的行为规律

高校校园中大学生的行为是有一定规律的,日常中他们主要从事三种类型的活动:①必须参与的活动;②自发参与的活动;③有组织性参与的活动。

(一) 必须参与的活动

例如上课、吃饭、睡觉,这三种是大学生日常从事最为频繁的活动,也就是"三点一线"中如教室、食堂、寝室。此类活动通常极为规律,不可选择,发生场所固定,行进路线固定,与外部环境关系不大。

(二) 自发参与的活动

如散步、交谈、约会等,此类活动具有较高的自主选择性,场所与行进路线不固定,通常发生在校园景观场所内。参与人员除自己外,通常为关系密切者,对外部环境有较高的要求,通常半开敞半私密空间更受青睐。

(三) 有组织性参与活动

通常由集体组织,个体参与,如聚会、游戏、文艺晚会等,此类活动通常在校园开敞空间中举行,参与人员通常为群体人员,活动的选择上兼顾必需性和自发性。通常能为大学生的沟通交流提供发生条件,有利于促进人际交往。

从上述三种类型的活动,可以总结出一些大学生参与活动的行为规律,比如有较强的规律性、固定的场所、时间和行进路线具有一定的局限性等。如果在校园规划初期设置好行进距离,则能提高效率。大学生所从事的活动形式是丰富多样的,除了必要的生活与学习活动外,还有丰富的文娱活动供大学生参与,这使得大学生的活动行为具有多样性。大学是集体,大学生是集体的一份子,需要学会调整集体与个人的关系,而集体活动的参与,让大学生学会了团体意识、合作意识,他们在参与集体活动的过程中自然使得他们的行为带有集体性。

因此,高校校园景观规划要关注大学生行为的规律性,使得校园景观符合规律性,创造多样性景观空间,实现校园景观的丰富性,同时满足集体的活动要求,创造多层次的活动交流空间。

四、不同空间对大学生心理需求的作用

（一）滨水空间

随着我国高等学校的大规模扩建，对校园规划的要求越来越高。新校址一般远离市中心，并且具有自然生态地貌和水系。校园规划更加强调以人为本，即将山水校园的理念贯穿整个大学的教学工作生活和交往的始终。通过空间功能意象的转化，使山水大学成为城市最具特色、最具亲和力的地区。

水体在校园环境中的重要作用不言而喻，无论水体本身的景观功能作用，还是水体展现的校园文化氛围，两者对校园景观环境优化都产生不可忽视的作用。"仁者乐山，智者乐水"，人类的亲水性存在于人的天性之中。滨水空间在校园景观中的设计，正是体现人性化设计的表现。开敞的水体空间，能够活化空间，使得空间具有灵动感，丰富视觉层次。水景作为景观节点，具有可塑性强的特点，它以点、线、面多种形式展现立体空间，并对周围植物建筑小品等形成掩映，使得景与景之间相互产生联系，空间层次变得丰富多样。用水体划分空间使景致衔接自然，使人的行为与视线在和谐的氛围中得到控制，为个性化校园形态的形成打下基础。

美国著名风景园林师西蒙兹认为，水景规划设计的不是物质，也不是空间，而是人的体验。

在校园景观的规划中，滨水空间要注重人的体验，就得满足使用者的心理需求。优秀的校园滨水空间必然满足了大学生亲水性、私密性、安全性、便利可达性等一系列心理需求。

（1）亲水性。校园滨水空间的设计，应注重大学生不同的亲水行为需求。例如，散步道的设置不仅是为了达到目的而设置的道路，还应当考虑将水体环境与沿途风光相结合，以获得最佳观赏效果（见图5-22）。亲水活动区的设计使得人们能体验到与水体接触的直观感觉，木栈道、亲水平台、生态缓坡驳岸等多种景观形式为大学生的各种亲水行为提供了可能性（见图5-23）。

图5-22 亲水的步道设置

图5-23 亲水的活动区设计

（2）私密性。滨水空间是大学校园内使用频率较高的区域,此区域内发生的活动主要为聊天、散步、约会等较为注重私密性的活动。通常滨水空间以水体与植被、建筑空间相结合形成私密性空间。如水岸边以绿篱半包围成的座椅空间。廊桥亭榭中通透与植被屏障遮挡空间的运用,能够有效满足各种活动的需求。

（3）安全性。校园滨水空间作为人流量较高的区域,一方面需满足使用者的亲水性需求,另一方面同时要注意使用者的安全性。亲水行为在满足人们心理需求的同时,也伴随着一定程度的危险性,因此滨水空间中也存在较多不安全因素。所以校园滨水空间的驳岸处设计宜采用缓坡入水,近岸处的水域不宜过深,散步道的宽度尽量以不拥挤为原则,除此外,警示牌的设置、夜间照明设备等为使用者的安全提供了保障。

（4）便利可达性。校园滨水空间作为休闲空间,应尽量靠近人流活动范围,道路的设置应尽量使人群易于到达,便于集散。滨水空间若是地处偏远地区,很难使人群驻留。作为校园整体环境的节点之一,滨水空间具有良好的衔接性,它能将不同性质的空间联系起来,成为空间组织的标志。

(二) 校园广场

校园广场是校园活动空间的重要组成部分,相较于城市广场的商业性与休闲性,校园广场更注重文化教育的融入。勒·柯布西耶（Le Corbusier）曾提出Colleges as "Cities in Microcosm",即将校园比作一个微观都市,诚然校园环境与都市环境有许多相似性,但其教书育人的职能,决定了校园环境是集文化性、教育性、美学性于一体的,需要展现出较高层次的人文气质。这也就是校园广场与城市广场的区别之处。作为校园景观中最为重要的公共空间,不仅要具有可达性强、集散性好等特点,一般还与校园的历史文化氛围相融相交。几乎所有的校园里都存在某种形式的中心广场或集会场所,广场提供了整合校园文化与校园空间结构的机会。

校园广场通常以校园建筑进行围合的块状硬质场地,一般有线性主轴进行统筹布局,用于人群的聚集、活动的组织。有时会以雕塑、树阵、灯柱等景观小品进行点缀,用于强化中心广场的纪念与教育意义。

1.尺度需求

尺度需求是个人空间理论中的重要一部分,人们的人际交往需要一定尺度。校园广场作为活动场所,设计应把握好尺度,满足广场中行为活动需求是十分重要的。

广场尺度的把握以使用者的舒适度定量。太大的校园广场,空间往往开阔无遮挡,私密性较差,主要起到交通过渡作用,用于往返不同的目的地或抄近路所需。行走在其中的大学生,通常快步行走,极少逗留其中,太小的校园广场空间往往显得拥挤,不利于集会、活动的开展。广场的尺度同时与周围的建筑高度有关。芦原义信曾指出:用H表示建筑的高度,用D表示邻幢建筑物之间的距离。那么,当$D/H=1$时,建筑物之间的高度与距离的搭配显得均匀合适，当 $D/H>1$ 时，是心里感觉有远离或疏远的倾向，当 $D/H<1$ 时，心里感觉有贴近或过近的倾向，当 $D/H>4$ 时，各幢建筑间的影响可以忽略不计。

2.行为需求

人们对校园广场的行为需求主要分为静态需求（观赏、静坐、学习）和动态需求（主题活动、集会、表演）。这两种活动皆是校园中较为频繁发生的行为活动，所以校园广场应具备多种功能性，如广场树阵座椅区域（见图5-24），既能提供阴凉遮蔽，又是看书、观望的场所，对于私密性起到一定的保护作用。又如校园广场的开阔区域，主要为校园集会、节日典礼、校园活动提供场地，同时广场边界应配合植被点缀，使空间边界尽量丰富多彩，增加空间层次感（见图5-25）。对于校园广场中动态与静态人群，也需要对广场空间进行划分，试想一下，在广场中，两种不同空间的构成：滞留空间被动线序列穿过，滞留空间位于动线序列的端部，滞留空间与动线序列相印。很显然，没有人希望不停地被别人打扰，即便是人看人，也希望是在远处观望，所以这种方式更具规划的可行性。因此，校园广场的设计应为大学生活动交流创造机会，为各类行为模式提供平台。

图5-24　广场树阵座椅区域　　　　　　　　图5-25　广场开阔区域

（三）校园绿地空间

校园绿地是城市绿地的一部分，属于专项（单位附属）绿地类，是指校园中的土地、水、绿色植物及园林建筑小品等组成的非建筑用地空间，既是独立于城市中的封闭系统，又是城市绿地系统的一部分。

绿地空间主要为校园景观休闲空间，一般以林下空间、庭院空间、滨水绿地空间等形式呈现，既有一定的开放性，又兼具一定的私密性。通常在此类空间中，大学生主要从事小型集会，小型主题活动或独处、散步、交谈等休闲活动。因其周围环境有较多植被覆盖，能较好保护人们的私密性，同时又使人们得以亲近自然，因此校园绿地空间通常是大学生最喜爱的校园空间。

绿地中的大学生行为需求主要分为三类:集会、活动、闲坐聊天。

1.集会

参与集会活动者一般为群体,带有明确目的和明显的社会群体行为特征,适当的空间活动范围是集会顺利开展的保证,因此绿地面积的大小是集会地点选择的考虑因素之一。另外,绿地场所的便利可达性也是决定性因素。参与集会的人员能够方便进出场所,能一定程度提高集散效率,节约时间。此类绿地的植被设置以既能提供适当遮蔽又能兼具开阔视野为宜。在绿地空间场地范围内,宜设置一定数量座椅、石桌等休憩设施为学生的集会活动创造条件。

2.活动

参与此类活动者主要为若干人数的小群体空间范围,以小块场地为宜,场地的便利可达性与集会场地要求相同,植被配置以半敞半封闭布局为宜,减少外部对小群体活动干扰的同时,也将活动空间与他人活动隔离开来,互不干扰。

3.闲坐聊天

参与此类活动者对绿地的设施健全性、植被景观要求和环境安全性,有着明显的倾向选择,此绿地空间主要为讨论、聊天提供条件,因此座椅的设置不容忽视、在形式上多是结合花架、亭、廊等景观小品建筑布局。以"L"形和"S"形为主,这样利于人群交流,在植物配置上多以密集紧凑布局为主,为活动的私密性提供一定的保障,让身处其中的活动参与者拥有领域感、安全感,让人的身心放松。

(四) 校园历史空间

校园历史空间,通常是承载一个学校传统与文化的平台。在师生的心中常常将其与学校的形象联系在一起。之所以注重历史空间,不仅源于人们对追溯历史的喜爱,更将其作为立体的历史来欣赏,是历史的再现与展示。

每一个高校都有其特定的历史空间,这是学校发展最深的记忆,在此类空间中通常会有主题性雕塑或纪念性景观。在特定的规划布局中彰显学校在历史沧桑中向学子们传达着的文化传统和治学精神。

在学校历史空间中,浓郁的文化氛围与优雅的景观环境相得益彰,对进入其中的游览者给予潜移默化的情绪感染,在不经意间让游览者进行了一次反思与自我教育的体验学习,是真正的寓教于景。

五、高校校园景观对大学生心理需求的满足

(一) 校园归属感

亚伯拉罕·马斯洛在其提出的"需求层次理论"中将情感需要和归属需要归纳为第三层次需求。人人都希望得到相互的关心和照顾,情感上的需要比生理上的需要来

得细致,他和一个人的生理特殊性、经历教育、宗教信仰都有关系。作为在校大学生,除了最基本的生理和安全需求以外,也同样具备对校园归属感的需求,校园归属感的定义还未形成统一界定。早期研究学者 Goodnow(1992) 认为,校园归属感是学生在学校环境中得到接受尊重和支持的感觉。L.H.Anderman(1999) 认为,学校校园归属感就是学生在一个特定的学校内,感到自己受人尊重的、舒服的感觉,认为学校归属感提及的是学生观察到的教学的社会背景以及他们认为自己在学校结构中的位置是怎样的一种感受。

从上述定义可以看出,校园归属感是指大学生能将个体融入学校整体,并形成类似认同感的情感。

在校大学生对学校形成良好的校园归属感,对增强学校凝聚力起到了至关重要的作用。心理学中有理论表明:个体与群体之间,两者关系中都存在归属感相互作用,当学生在校园中获得尊重感与舒适感时自然会形成对学校的认同感,学生在学校这一集体中得到肯定与认可,自然会形成强大的向心力和凝聚力,而这种向心力与凝聚力,也就是我们所说的集体精神。另外,良好的归属感的形成,也有利于学生个体心理健康发展。良好的校园归属感,使得马斯洛需求理论中"爱与归属感"得以满足,使得大学生能以积极态度去面对校园中的人与事。近些年来,许多心理学家对归属感问题进行大量的实证研究,他们得出的结论是:高校学生的学校归属感与积极情感以及自我概念存在着明显的正相关关系,这些因素是促进学生身心健康的强大动力,若一个学生对学校缺乏归属感,就会对自身的学习和工作缺乏激情,没有责任感,不爱社交和缺乏兴趣爱好,久而久之,便会严重不利于身心的健全和发展。

影响校园归属感形成的因素主要来自校园环境、人际关系、规章制度、学校声誉等。如果将这些因素进行分类,则人际关系、规章制度、校园声誉等可归纳于抽象环境,校园环境则是影响校园归属感形成的具象环境。具象环境是大学生最直观感受,能在第一时间形成对校园的直观印象,进而对以后归属感的形成起到决定性作用。如果校园环境并不能满足学生心理需求,则必然导致学生对学校产生不满的情绪,更谈不上好感与归属感,而注重环境心理学的要素在校园景观中的应用,能促使置身在校园景观中的学生通过情境刺激,获取信息,进而在景观中获得对自身心理需求的满足与共鸣,从校园景观中获得更好的体验结果,自然也就容易对学校环境产生归属感。

(二) 精神寄托

精神的力量是巨大的,它能鼓舞、激励个体奋发向上,甚至是战胜负面情绪,是驱散消极思想的制胜法宝。就校园景观规划而言,中国古典书院园林对此早有建置,古典书院园林中就有专门设置的祭祀功能区。崇念先贤是书院重要的传统文化,学者们无不讲究"里仁为美"。而"仁"是重视礼乐教化,主张仁义道德,强调教化感染的力量,注重树立榜样，教化社会，古人有"学圣人运动"。因此，祭祀功能往往以育人为目的存在，是书院重要的功能区。

古典书院园林中，对先贤的祭祀是追思先贤、明心励志，其本质是一种精神仰慕，更是一种精神寄托。当代大学校园中布置精神寄托这一景观元素，对于大学生寻求精神寄托，摆脱迷茫、空虚等不良心绪具有一定的积极作用。

精神寄托的本意是寻求某种心灵的依靠，当人们遭遇伤心、苦闷、迷茫等负面情绪，周身并无真实依靠时，人们往往从精神层面寻求依靠，这是人类精神层面的本能需求。通过将负面情绪疏导至精神寄托处，以缓解内心焦虑与不安，对于不同的人而言，精神寄托有其自身的定义与偏好，可以是某事物，也可以是某人，形式自然千差万别。不过遭遇相似的个体置身整体环境中往往能产生共同的精神寄托，如校园景观中具有纪念性意义的名人雕塑、校园文化符号以及某些具有情境激发功能的环境设置。这一类校园景观能够使得置身其中的学生，触景生情，并通过联觉效应体验景观带来的精神内涵，缓解内心不安与焦虑等情绪。

每一所高校都有其自身的文化历史、精神符号式的景观，而这些特殊的景观在其漫长的岁月中，形成了独特的"语言词汇"，从而给人以精神上的寄托与安抚。

例如位于美国哈佛大学校园内的唐纳喷泉，它由极简主义园林大师彼得·沃克（Peter Walker）于1984年创作而成。它是由159块花岗岩呈同心圆阵列排列而成的石阵（见图5-26），石阵中央是雾喷泉，此喷泉已成为哈佛大学精神象征式的景观，是其校园文化的精神符号。从精神角度而言，雾喷泉的细腻与天然石块的质感搭配组合，带给人们一种特殊的相互交流方式。

图5-26　美国哈佛大学唐纳喷泉

（三）交流互动

校园景观设计的本意就是让大学生走出教室、寝室，在校园范围内走近自然、亲近自然,给学生们提供交流互动的平台。有效地将环境心理学要素应用于校园景观中,对大学生们多样化交流互动行为可以产生积极的引导作用,使得校园景观成为课堂之外的有益补充,有利于学生身心健康发展。

校园景观能为学生提供学习交流休憩的环境,在良好的交流互动氛围之中,可以缓解学生们的心理疲劳,释放学习与工作的压力,同时直接影响学生的心理情绪,提高工作效率,间接影响学生审美观、世界观、人生观、价值观的形成,提高学生的人格,陶冶学生的情操。

针对当下"宅"文化盛行,校园景观理应充分考虑学生的交流互动需求,主张学生走出来进行面对面式的现实交流,在现实交流中体验人际交往的乐趣,以校园景观的形式带动、促进学生交流,这也是校园景观所应具备的功能之一。

(四)反思与自我教育

景观的使用是一种体验过程,美国学者B.约瑟夫·派恩和詹姆斯·H.吉尔摩认为体验最重要的两个方面是参与和融入。就校园景观而言,景观的体验不仅仅局限于娱乐体验和审美体验,甚至在某种景观场所中可获得教育体验。教育体验一般由特殊场所触发,如纪念碑、雕塑、具有特殊历史意义的场所等。体验者置身此类场所中,通过感觉与知觉的接触,场所的信息反馈与个体内心信息达成共鸣,再经由体验者个体,在大脑中对其进行分析、比较、验证,最终形成对自我的认知与反思。通过动机心理学的阐述,知道人类最强的动机来源主要分为三个方面:个体发自内在的自主、觉醒、成功感。而自我反思则本就来源于个体自主与觉醒,它促进人们自我肯定并获得成功感,因此善于自我反思、自我教育之人,往往具有很强的动机去执行。可以说,反思与自我教育是体现个人自觉性的基础,也是推动个人进步的源泉力量之一。校园景观通过场所氛围引导学生反思与自我教育是对景观功能的拓展,景观的功能不应仅仅是审美与休闲,更应从人的心理需求入手,对不同人群多方面的生理及心理需求作出回应。

六、环境心理学元素在高校校园景观设计中的应用

(一)高校校园景观设计的公共意向

高校校园景观环境的可意向性,即在校学生可共享的意向元素。它具有一定的可识别性与统一性,一般而言就是我们对校园环境的印象如何,是整所校园在大脑中反映出的具象,也反映个体对校园空间环境的熟悉程度。通常意向元素以校园区域和道路为主,标志和节点次之。

形成校园景观环境的意向主要通过两种方式:第一,熟知校园本地环境,依靠多年生活学习经验,这种感觉与经验,主要根植于学生的日常生活中,在无数次使用环境的过程中形成固定记忆。第二,通过记忆校园日常生活相关的环境参照物,此类参照物通

常与自身的校园生活有关，是日常生活必须到达之地，如食堂、教学楼、宿舍等。无论是何种方式，人们形成的这种经验与固有记忆主要靠生活中的"无意识记忆"，这种无意识记忆便是刺激反应联觉效应。由此可见，环境认知中的意象元素与生活密切相关。不同的学生在重复提及某类场所之时共同的元素便呼之欲出，这些意象元素便是校园景观环境的公共意向。

公共意向内容主要包括正面评价与反面评价，评价因素受情感、意义、象征等抽象因素影响，正面评价主要包括整齐、干净、宽敞、明亮、热闹、赏心悦目等；反面评价主要包括杂乱、脏乱、拥挤、昏暗、冷清、污染、烦躁等。

校园环境意向的形成有助于大学生识别与自主选择校园环境，从而满足自身心理需求。选择合适的校园环境则意味着领域感与安全感的建立，从而对周围的环境形成有效的控制，提高环境的舒适感。同时公众意象的形成，会以共享元素的形成促进学生们的交流与社会交往。

（二）校园景观的五要素

美国城市规划教授凯文·林奇在 1960 年出版的《城市意象》一书中，详细介绍了美国波士顿、洛杉矶和泽西市三个城市市民的认知地图，他在城市意向理论中提出构成认知地图的五要素，即道路、标志、节点、区域、边界。"五要素"是人们对某一地区形成初步意向的五个关键元素。在高校校园环境中，五要素对学生形成校园公共意象发挥着至关重要的作用。

1.道路

校园道路系统是校园景观环境的重要组成部分之一，路径在景观中有"骨架"一说，其重要性可见一斑，道路系统的优劣，关乎着整个区域环境便利性、通达性与连通性，因此校园道路的规划设计在考虑与环境现状相协调的同时，还需满足使用者的需求。校园道路的规划设计应将"以人为本"理念贯穿设计的始终，应坚持功能性至上原则，满足实用性、经济性、生态性、系统性、文化性等一系列要求。

在校园静态交通组织方面，因注重校园停车位紧缺与停车不规范等问题，随着汽车的普及，校园停车问题已成为亟待解决的问题之一。停车场的规划设计，宜以地面停车、地下停车、建筑底层架空、停车楼等多种方式相结合。校园静态交通组织应以安全、方便、经济为原则，存在于设施空间的分布上，应采取集中与分散相结合的方式。

在校园动态交通组织方面，主要分为四种基本形式：人车分行式（平面上或空间方向上的分离）、人车部分分行式、人车混行式、人车共存式。

动态交通组织的方式，应根据具体道路使用情况选择合适的方式，避免人与车在道路使用时出现混乱局面。在道路细部空间的处理上，同样要注意学生的心理需求，例如，校园中使用最为频繁的步行道以及两旁附属空间的设计，应是具有交通、展示、活动的多功能步行道。步行道除了是学生行进的载体,还应是学生交谈、讨论的漫步空间。

通常学生在道路附近的交谈具有一定偶然性,此时的交谈会采用就近原则。通常选择在步行道两侧的林下空间、报刊栏、植物茂密处,此类空间有一定的屏障,一定程度上为学生的交谈提供了私密性和保护性(见图5-27)。设计上应提供半遮挡和座椅空间,半封闭植物围合空间等,易引起人们聊天,交谈,观望等行为,从而方便人们进入漫步的休闲氛围。

图5-27　道路上的交谈空间设计

道路两侧的景观应避免单调,标志的设置应以醒目为原则,提醒人们路径的方向与能到达的位置,明确自己所在位置,植物应以乔灌草搭配出丰富的层次空间,结合植物的季相、颜色、花期营造多样性交往行进空间。也可以利用景观小品、雕塑等进行点缀,丰富空间。对可能发生交往的空间场所进行符合行为与心理的设计,以吸引人们在此空间的驻留,建立人与空间环境的"信赖"关系。

2.校园标志

标志在前面认知地图部分就有所介绍,它是整个认知地图中最突出的元素,甚至可以成为某一地区的象征,校园中的标志自然是那些具有明显视觉特征又能在某种程度上内含学校文化与内涵的参照物,是形成校园公共意象所需借助的定向。

在校园环境中,标志往往是学生形成校园公共意象所需借助的定向参照物。由于高校校园中环境尺度较大,无法一眼看见全局面貌,因此人们往往通过识别校园中具有明显特征的标志物来确定位置与方向(见图5-28),而此时的标志物则具有空间组织与引领职能,校园中的标志物可以是雕塑、建筑、纪念碑、桥、水域空间、景观小品等。这些标志物通常具有明显特征,易于识别,给人以强烈的景观刺激,在校园环境中属于醒目识别物。

图5-28　校园标志物

　　校园标志物的设计应突出特色,加强其可意象性。首先应注重易识别性与显性,其次应注重功能性。标志物的设置本质是为了让人使用它的功能性,这是设计优先考虑的因素,虽然某些标志物具有一定的观赏性,但功能性是其存在的依据。再者应注重文化内涵性,高校校园是文化传播的载体,其中的标志物更是具有典型代表意义的枢纽,通常作为高校文化特征的重要元素。它的设计还应充分考虑学校的文化背景与文化氛围,使得标志物既能符合本校的校园形象,又能符合校园的文化理念。最后应注重其多样性,校园的标志物并非单一个体,它应当是具有多种构成与应用的形式,有着丰富的表现手段,可以是平面的,也可以是立体的;可以是文字,也可以是图形图像;可以是具体存在的,也可以是抽象的符号。总之,标志物的表现手段是多样的、丰富的。

　　3.校园节点

　　节点在认知地图中是使观察者进入具有战略地位的焦点,如道路交叉口、道路的起点与终点、广场、车站码头等行人集散处。校园节点主要为路径交叉处、广场等,在校园节点中,路径是联系彼此的元素之一,沿路径行进方向前进,遇节点时需集中注意力清楚感知周围环境后,再做出行动选择。因此,校园的节点应设置醒目的标识牌,带有明确的方向指示与位置标识,使身处节点中的学生不易迷路。标识的设计应具有统一、清晰、明确的指向性,同时应与周围建筑景观空间相协调,校园节点属人流集散处,开敞的空间范围是必不可少的,合理的空间大小有利于人流的流动。

　　4.校园区域

　　区域是校园整体景观的组成部分,如果将校园户外区域空间看作是有联系的有机整体,那么不同的校园区域则是构成这有机整体的一部分,不同的区域给学生的心理体验感是不尽相同的。在校园景观规划设计之时,就应避免单一的校园区域所带来的乏味感,应注重校园区域的多样性。

在校园区域中,通过风格、形式、色彩等手段寻找变化,并使多样环境做到统一。空间应该有多样化层次,包括内部空间、外部空间、过渡空间、公共空间、半公共空间、私人空间、嘈杂空间、安静空间。

通过植被、景观小品,空间的开敞闭合、空间范围大小的变化,构造立体多层次的校园区域空间,使得学生能根据不同的心理需求,选择不同的使用区域。注重校园区域的多样性,能使得高校学生获得丰富多样的区域空间体验,对学生认同感与归属感的建立有着积极作用。同时,多样性校园区域空间的建立,能丰富学生的认知需求,使得校园环境充满活力与生机。

校园区域在公共意象中常以块状地区形式出现,也是学生们印象中最常提及的区域,例如学生宿舍区、教学区、体育活动区、休闲游憩区、教学办公区、商业区等。如果将整个校园比作有机整体,他们这些区域便是有机整体之中的"斑块"。在设计规划中,应明确每个区域所独具的特色,突出其意象特征,而将这些景观斑块有机组合,则构成有机整体校园空间。

5.校园边界

高校校园边界是校园与城市之间的过渡纽带,是分隔不同区域属性的边界处,当然也是使用频繁的区域之一。边界的设计应充分考虑城市与校园之间的关系,同时也应当考虑使用者的心理需求。若处理不当,容易造成与周围关系不协调、生硬、冷漠,空间缺乏情感,因此边界空间的构成元素是决定边界优劣的关键部分。

校园边界空间的设计应考虑合适的尺度大小,尺度感的缺乏很容易引起人们的不适,造成公共意象的混乱。同时,边界空间需形成连贯性,不论是边界、外部空间还是内部空间,连续的空间关系是边界空间的基本需求,另外应充分发挥边界的功能作用作为边界,它不仅是联系内外空间的纽带,同时也是明确不同功能分区的界限,明确场所功能性质的界限。

七、高校校园景观中个体心理体验与校园景观设计

(一) 个人空间与校园景观设计

景观体验是人们对景观认知的一种本能,身体通过不断地移动来感知环境,当同等的生命力量反馈回来时,就会直接震撼人的心灵,这就是体验,是"以身体之,以心验之"的过程。

校园景观是被体验对象。作为体验主体,对其形成主观意向。说到底,校园景观环境的优劣是依靠体验主体的评判,因此个人的体验感官对高校校园景观设计尤为重要。"个人空间"主要作用于易发生交流的空间场所之中,例如,校园之中的园路应既能保证人们通行的同时,又能保留充足的个人空间距离,不至于过度拥挤;在校园休憩区域

内,座椅的设置尤其体现个人空间在景观中的应用,根据边界效应,逗留在此的同学在行为上更偏爱坐在转角处、端部、边界区域,那些建筑角落之间的座椅,绿植包围的座椅也能被同学所青睐。同时在造型上带有凹凸转角的坐具,更利于同学间开展交流,例如,L形座椅、S形座椅、曲尺形座椅。反之,那些空旷无遮蔽处的座椅则受到冷落。另外,视野的朝向对座位的选择也有决定作用,人们更偏向于后方被遮挡,前方一览无余之地。使用者进入场地后,能从容观察他人,并对背后的视觉盲区形成一定程度的心理防护,增加心理安全感。

"个人空间"效应在校园景观中的应用是一种满足受众人群自我保护的心理机制。学生停留在此类空间之中,既能在心理上获得一定的安全感,又能不处于众目睽睽之下。

(二) 私密性与校园景观设计

在校园交流中,应注重一定程度的私密性保护,因而为学生提供心理上的控制感与选择性是十分有必要的。设计者应合理利用校园环境中植物的遮挡效果,对一定空间进行围合与限定,从而将一定范围内的空间隔离出来,根据场地具体的功能,做出合理的植物配置。当植物的高度在1.2米左右时,人们置身于围合空间中会产生一定的私密感,随着植物高度的升高,私密性越强。

要合理利用校园的地形高差,地形的高差往往会形成视觉上的阻挡,合理利用高差带来的遮挡同样也能营造私密性。例如,山顶之上的景观亭,若利用环境围合,一般可以运用片墙、铺地、环境设施等进行空间围合,比如墙的空透程度与花架的顶存在与否,决定了空间的质量,同样高度的墙越空透,围合效果越差,内外渗透越强。在私密性得以保证的同时,还需注意私密空间的尺度。合理的尺度,对私密程度有着决定性的影响,尺度太小,易产生狭促压抑之感;尺度过大,又让人产生空旷孤寂之感。

私密空间同时也需留有可视区域,私密并不意味着封闭,适当的视域通透不仅能增加场所私密氛围,也能增加空间彼此之间的联系感。私密空间应当注意边界的过度处理,若是过度生硬,则会使进入空间的人感觉被周围孤立而出,反而无法在此环境中正常活动。要巧妙地利用周围的景观元素,彼此融合,让人在无意识中进入私密性空间后,从而从事正常交流。

(三) 领域性与校园景观设计

校园中的景观可通过植被、栅栏等手段适当进行围合,结合建筑的内外部环境,从而形成具有公共性质的区域。此类区域具有暂时的控制感,有利于促进个体与群体在其内参与活动。这些领域空间的建立,增进了学生对环境的控制感与安全感,并对他人的行为有所控制。校园局部领域的建立,有利于减少冲突,增进场地的使用率,提高秩序感和安全感。满足心理保护需求的同时,便于观察环境,从而随机做出应激反应。

领域感的设计同时也可被应用于高校的宿舍和生活区,由于性别、学院、专业的不同,不同元素的应用可形成不同的领域感,以便于提示外来人员所属领域的不同,同时可利用篱笆、栅栏、门等手段形成一定的私密性。增强内部人员对宿舍区的归属感与控制感,使得学生在心理上获得安定与安全之感。

八、校园景观的构成要素中环境心理学的应用

(一) 铺装

铺装是景观构成要素之一,它的造型、色彩、质感能丰富景观空间,从而形成独具特色的个性空间。作为设计者,要了解铺装的目的,对铺装使用者的利用行为进行预测,包括行人行走速度、主要使用者及周边环境等,给铺装设计进行合理定位。

高校校园景观的铺装作为景观要素之一,不仅参与校园交通组织中,更能融入校园的景观,构成文化内涵,从而渲染出不同氛围,营造多样化校园景观空间。

1.铺装的形态

铺装的形态一般以文字图案、浮雕、符号呈现,用以突出空间特色。不同的材料样式能起到分隔空间界限,给予观察者不同区域的心理暗示作用,明确场所的功能、氛围、性质等。一般在校园两个功能区域之间,会采用不同质地的铺装材料来体现功能作用,即使是同一种材料,也用不同的拼贴方式表达空间效果。

铺装不同的形态,给人以不同的心理暗示,例如,带状或线状铺装主要引导行人前进或分隔道路功能性质。无规则、块状铺装主要引起行人注意,吸引行人目光,以达到在空间滞留的目的。在铺装设计过程中对条石间距也可以时宽时窄,这样使行人的步伐时快时慢,因此道路上铺装的宽度变化也会形成紧张松弛的节奏。另外,改变铺装材料的样式,也能使行人在铺装上行走时感受到节奏的变化。铺装颜色的变化同样能给人以心理暗示。冷暖颜色的选取根据校园场地的功能性质进行适宜搭配,休闲安静的区域,宜采用冷色调为主,活动举办场地宜采用暖色调衬托以活跃氛围。

2.质感

铺装的质感体验是通过人们脚底与铺装的接触所获得的。这种触感与铺装材料的光滑性、弹性有关。质感体验的不同,不仅能够影响行人的速度,还能明确场地的性质,如木质铺装的触感相较石头要柔软得多,给人以自然柔和感。对人的心理暗示表现为放慢行走速度,以休闲观赏为主。鹅卵石铺装,路面则给人以童趣之感,在休闲区域可兼有按摩保健功能;硬质铺装给人以整齐、宽敞、舒适之感,但需考虑其渗水、防滑,以防在雨天给行人带来不便。

铺装的质感体验同时也可刺激行人的视觉感官,影响行人心理上的感受,如木材给人清新的舒适感,石材给人以坚硬、冰冷之感,玻璃铺地给人以通透绚丽之感……不同的视觉感受应根据场地具体情况进行协调搭配,从而构建良好舒适的景观空间。

3.尺度

铺装尺度的大小,给人以不同的空间感受,体型较小且密集程度高的铺装材料给人以亲切感;反之,体型较大的铺装给人以大气壮阔之感。例如,教学楼内的庭院空间、休闲空间、绿地空间均可采用尺度较小的铺装,此类区域主要为交流区域,尺度选择上给人亲切感为宜;校园广场空间主要采用大尺度铺装,用于集会、活动、演出,给人以开阔之感为宜。

(二) 照明

高校校园景观照明设计是校园景观设计的重要组成部分之一,它不仅能体现校园文化内涵、风貌特色,更能渲染气氛,美化校园环境空间。合理科学地运用光的强弱变化、色彩搭配、折射反射等能够营造出光与影的梦幻空间,给人视觉上的享受。

1.丰富校园空间

校园照明可充分结合景观、小品、建筑、水体等,采用不同造型的灯具,运用光的显隐、虚实、掩映、折射等控制光的强弱、投射角度,利用光的秩序、色温、构成等可极大程度渲染空间变换效果,改善空间比例,限定空间区域范围,突出视觉焦点,丰富空间的层次感,明确空间的功能导向性。

2.体现校园文化

校园的景观照明同时也可融入本校的文化特点,从而产生出独具特色的文化氛围。通过不同的照明手法,结合浮雕、文字、图案等载体,在夜间突出校园的文化,使其成为视觉焦点。可采用各种技术手段以衬托、点缀的手法将不同地域的各时段历史,用迥异的风格在灯光下呈现出来,从而丰富校园的文化。

3.环境氛围的营造

校园景观照明的氛围渲染对行走在其中的师生们的心理状态具有一定程度的暗示作用,因为通过光线的渲染,可以突出视觉焦点,烘托夜间校园氛围。这里就必须强调校园的灯光颜色与城市街道的灯光有所差异,校园夜间主要以宁静氛围为主,除去举办校园活动的时间外,大部分时间是学生用于读书、自习、下课回宿舍等活动,此时校园灯光以柔和的暖色光为宜,给行人以安全宁静之感(见图5-29)。活动举办之时,多以校园广场为中心,灯光的绚丽色彩多以烘托热闹氛围为主,使得夜间参与活动的学生能够获得愉悦的视觉感受(见图5-30)。

图5-29 宁静的校园灯光　　　　　　　　　　图5-30 绚丽的校园灯光

（三）景观小品

在校园环境设计中，景观小品以丰富多彩的内容和造型美化了校园环境，虽然它在校园环境中不起主导作用，仅是点缀和衬托，但是它"从而不卑，小而不卑"，顺其自然，插其空间，取其特色，求其借景，力争人工中见自然，给师生以美好的意境、高尚的情趣，故景观小品是校园环境中不可缺少的部分。

校园中的景观小品主要分为两大类：一类以观赏功能为主的景观小品，如置石、喷泉、雕塑、景墙等，此类景观小品，能够从视觉感官给人以刺激感，激发观赏者的情趣和审美，产生美感的连接效应，使得校园环境变得美观舒适；另一类则是观赏性与功能性为一体的景观小品，如休憩的坐椅、石桌，具有照明功能的灯具、灯柱、灯基等，服务于校园人群的垃圾箱、洗手池、栏杆、围墙，具有公示信息功能的海报栏、宣传栏、布告板、指示牌、路标牌等，此类小品服务于整个校园环境中的人群。若布置适当，造型新颖，数量体积适宜，则会丰富整个校园景观环境，使得校园环境在美观舒适的基础上更具现实功能意义。

校园景观小品的设计首先应满足以人为本的原则，校园环境对置身其中的学生产生的影响是非常深远的。景观小品具有陶冶情操、净化心灵的作用，在校园景观中举足轻重，是不可或缺的一部分。一个优良的景观小品设计，不单单是景观空间中的一个艺术品，它应具有多样的、灵活的表现形式，它能与师生进行情感上的交流，让人不自觉进行联觉效应，感受它与校园结合带来的自然、宁静、温馨之感。

校园内的景观小品还需注重与校园的历史文脉相结合，高校校园是教书育人之地，与其历史文脉相结合，有利于彰显文化氛围与特色，所以高校校园中的景观小品不仅具有高校景观之共性，还要尽可能表达出自己的个性特色，继承和延续本校的历史文脉。

（四）植物

在校园景观中，植物是其整体构成的主要景观元素之一，不仅具有美化环境，改善局部小气候,保持水土,净化空气等功能,它还能通过植物的围合产生多样化交流空间,对置身其中的师生产生心理上的影响。人是校园环境中的主体,是环境的最终度量者,而植物空间则由于它的色彩性、季节性等特征而能提高环境的质量。

1.植物体量大小

植物的尺寸、高矮、大小直接关系到局部空间界定范围,是构成多样性空间的决定性因素之一,植物体量的大小也直接影响人们的视觉感官体验。大小一致、高度一致,林冠线齐平的植物组合给人以肃穆冷清,单调之感。大小迥异、高低错落的植物组合,给人以层次丰富、流畅的心理感受,所以在植物空间营造过程中,植物的大小是首先要考虑的因素,其他美学特征则是依据已定的植物大小来加以选择。

2.植物的形态

植物的形态各异,具有不同的外形特征,其给人带来的心理感受也有所不同,阔叶树种给人以清新自然、温暖色调之感;针叶树种给人以肃穆、冷色调之感。圆锥状树形的乔木给人以高耸挺立之感,引导视线向上,如松、柏类树种。枝条下垂型树种,给人以柔和坚韧之感,是地被植物与乔木树种之间的过渡树种,如柳树、龙爪槐等。球形树种,给人以圆润温和之感,在视觉上向水平方向引导,加强与环境景观的联系,如香樟、槭木等。

3.植物的质感

植物的质感受叶片大小、枝条疏密程度等因素的影响,质感较粗糙的结构往往具有较强的视觉冲击力,在校园景观中往往是视觉的焦点,如孤植树。而质感细腻的植物在视觉上有远离的趋向,给人以空间扩大的心理感受,如绿篱、针叶树种等。校园景观之中,质感粗糙与质感细腻的植物搭配,近处以质感粗糙植物为主,远处以质感细腻植物为主,这样能营造出空间通透感与景深感。

4.植物的季相

一年四季不同季节植物的外貌特征,具有一定的缓慢演变过程。其中以色叶树的外貌特征变化最为明显,如红枫、鸡爪槭、银杏、梧桐等。季相的变化不仅改变了植物叶色,而且改变了植物的质感、外形特征、疏密程度,甚至引起植物围合空间的变化。因此,校园植物种植点配置应充分考虑植物的季相变化,将其变化运用到校园环境的造景之中。

在环境心理学的指导下,校园植物配置应当注意以下几点:

(1)考虑校园植物的安全

安全性的保障,是任何校园活动的首要前提,在校园植物树种的选择上,有毒有刺有飞絮的植物尽可能不要出现在校园环境之中,以避免对学生的生理健康产生危害,因此在设计时应充分考虑植物的选择。合理的植物配置,可以让使用者对所处环境有充分的信任，既保证身体上的安全，也能满足心理上的安全感。另外，植物通过空间围合，也能为师生提供一定程度的安全感。通过植物围合形成局部小型领域，使师生获得对空间的占有感，从而获得安全感。领域性作为环境空间的属性之一，古已有之，无处不在。

（2）注重校园景观植物的空间实用性

校园中的每一类植物空间的功能都应该是多样化的，除了要营造可游、可憩、可赏的景观外，更要注重育人与绿、育人与景的功能。

校园植物空间的功能性，对学生的心理影响是潜移默化的。独具特色的小空间，能够让人感受到被保护，对空间产生占有感。宽阔的围合空间，让人产生宽敞之感。

（3）注重校园景观植物的宜人性

高校校园中的植物景观营造应达到美观舒适、令人愉悦，这不仅要考虑实用性，还要在设计之时考虑植物配置能否满足校园师生的审美需求，如色叶树的运用、有层次的乔灌草植物搭配等，使得校园景观给人以赏心悦目之感。

（4）注重校园景观植物的私密性心理需求

校园户外空间的私密性通常靠植物围合来完成。利用植物遮挡视线，分隔空间的功能，能够使被围合空间产生一定私密性和相对公共性的特点。当置身其中的学生产生一定的环境控制感与环境选择感，此空间就是满足学生私密性的心理需求的植物景观空间。

课后思考题：

1.实践类题目：查阅相关文献资料，了解环境心理学在园林景观设计领域的应用情况。

2.思考题：

（1）结合环境心理学知识，请简述如何开展城市公共空间的景观设计。

（2）当下口袋公园的设计是否真正满足了人们的使用需求？

参考文献

［1］胡正凡，林玉莲.环境心理学:环境行为研究及其设计应用（第四版）［M］.北京:中国建筑工业出版社，2018

［2］王晓楠.我国环境行为研究20年:历程与展望——基于CNKI期刊文献的可视化分析［J］.干旱区资源与环境，2019，33（2）:22-31

［3］彭一刚.中国古典园林分析［M］.北京:中国建筑工业出版社，1986

［4］周维权.中国古典园林史［M］.北京:清华大学出版社，1999

［5］朱建军.心由境造:人人都能看懂的环境心理学［M］.北京:中国人民大学出版社，2021

［6］侯立新.风水:中国人的环境心理学［D］.兰州:西北师范大学，2015

［7］程麟，张玲.生态文明视野下的环境心理学应用研究［M］.北京:中国水利水电出版社，2018

［8］吴磊.环境心理学在高校校园景观设计中的应用——以重庆文理学院星湖校区规划设计为例［D］.合肥:安徽建筑大学，2019

［9］薛建鑫.基于环境心理需求下的老年公寓空间设计研究［D］.沈阳:沈阳航空航天大学，2019

［10］杨济源.基于环境心理学理论的校园景观设计研究［D］.沈阳:沈阳建筑大学，2020

［11］陈怡霖.基于环境心理学的城市绿道标识系统设计研究［D］.雅安:四川农业大学，2020

［12］崔媛媛.环境心理学视角下的老年社区空间可识别性研究［D］.青岛:青岛理工大学，2017

［13］谭倩倩，毕凌岚.行为心理学视角下的历史文化空间人群行为研究——以成都市宽窄巷子为例［J］.当代建筑，2021（3）:134-137

［14］卢鑫.环境心理学在公园设计中的应用——以南昌市人民公园为例［D］.南昌:江西农业大学，2011

［15］Wei ZHANG.Application of Environment Psychology in City Square Design［J］.

Journal of Landscape Research，2012，4（6）：11–12，14

［16］高莹.基于环境心理学的老年人疗养中心设计方法的研究［D］.西安：长安大学，2014

［17］李玲.基于环境心理学观点下的高校户外空间延展性研究［D］.北京：北京交通大学，2015

［18］彭健.基于环境心理学的老年住区外部空间环境设计研究［D］.合肥：合肥工业大学，2016

［19］穆泳林.基于环境心理学的湿地公园设计的研究［D］.北京：中国林业科学研究院，2016

［20］计珂雯.基于环境心理学的城市公园设计［D］.合肥：安徽农业大学，2017

［21］戴慧，赵梦龙，杨禹村.基于环境心理学的传统村落环境保护和利用研究——以皖南屏山村为例［J］.景观园林，2017（8）：162–165

［22］田甜，孙静.基于环境心理学的城市公园植物造景初探［J］.南方农业，2018，12（12）：70–71

［23］杨青.基于环境心理学的城市景观色彩设计研究——以西安主城区为例［D］.西安：西安建筑大学，2018

［24］李唯.环境心理学在城市公园景观设计中应用的研究——以桐城市木鱼公园景观设计为例［D］.合肥：安徽农业大学，2018

［25］李奕佳.基于环境心理学的现代园林设计研究［J］.黑河学院学报，2018（12）：182–183

［26］杨凯凯.基于环境心理学理论下的高校教学区环境设计研究［D］.沈阳：沈阳建筑大学，2019

［27］王越永.基于环境心理学的沈阳公园植物色彩搭配研究［D］.沈阳：沈阳航空航天大学，2019

［28］吴佳贝.基于环境心理学的人与湿地互动行为探究——以华侨大学厦门校区为例［D］.泉州：华侨大学，2019

［29］贺雨涵.基于环境心理学的新中式园林景观营造方法探究［D］.海口：海南大学，2020

［30］张帆.环境心理学视野下高架桥穿行的城郊公园景观设计研究——以戴家湖公园为例［D］.武汉：湖北工业大学，2020

［31］徐从淮.行为空间论［D］.天津：天津大学，2005.

［32］傅凯，钱啸.基于心理需求的养老建筑设计研究［J］.艺术百家，2011，27（S1）：94–96.

［33］保罗·贝尔，托马斯·格林，杰弗瑞·费希尔，安德鲁·鲍姆.环境心理学［M］.北京：中国人民大学出版社，2009.

［34］克莱尔.库珀.马库斯，卡罗琳.弗朗西斯.人性场所——城市开放空间设计导则［M］.北京：中国建筑工业出版社，2001.

［35］李树华，张文秀.园艺疗法科学研究进展［J］.中国园林，2009，25（08）：19-23.［31］

［36］郭选琴，邱泽阳.基于环境心理学的大学校园交通景观设计探析［J］.现代园艺，2021（1）：132-134

［37］徐秋耒.环境心理学在高校校园景观设计中的应用分析研究［J］.河北工程大学学报（社会科学版），2020，37（01）：70-75.

［38］扬·盖尔.何人可，译.交往与空间［M］.北京：中国建筑工业出版社，2002.

［39］王祥，于晓卉.基于环境心理学的传统街区适老化环境设计［J］.城乡规划研究，2021（3）：43-44

［40］贝尔，格林.环境心理学［M］.朱建军，吴建平，译.5版.北京：中国人民大学出版社，2009.

［41］马斯洛.马斯洛的人本哲学［M］.刘烨，编译.呼伦贝尔：内蒙古文化出版社，2008.

［42］徐磊清，杨公侠.环境心理学：环境知觉和行为［M］.上海：同济大学出版社，2002.

［43］朱觊.基于环境心理学的创意产业园空间设计研究［D］.长沙：湖南大学，2013.

［44］林奇.城市的印象［M］.项秉仁，译.北京：中国建筑工业出版社，1990

［45］王潇云.基于环境心理学的适老化城市公园设计：以平潭翠园为例［D］.北京：清华大学，2017.

［46］张伟琳.基于环境心理学的老年人室内环境设计研究［D］.长沙：中南林业科技大学，2012.

［47］王帅.基于环境心理学的校园空间提升设计研究［J］.城市建筑，2011，18（409）：134-136

［48］贾崴.基于环境心理学的园林设计思路［J］.南方农业，2022，16（4）：85-88

［49］刘梓玉.基于环境心理学的校园广场改造设计［J］.城乡规划研究，2021（8）：56-57

［50］张楠，赵琳.环境心理学与街道更新相关研究综述［J］.城市建筑，2021，18（403）：156-160

［51］李道增.环境行为学概论［M］.北京：清华大学出版社，1999.

［52］保罗·贝尔.环境心理学［M］.朱建军，吴建平，译.北京：中国人民大学出版社，2009.

［53］罗玲玲.环境中的行为［M］.沈阳：东北大学出版社，2018.

［54］李鹏波，孙华冉，吴军.环境心理学在我国乡村景观设计中的应用［J］.现代园艺，2020（24）：133–135

［55］邵莹莹.环境心理学在园林景观设计中的应用研究［J］.明日风尚，2019（04）：12.

［56］李鹏波，雷大朋，张立杰，等.乡土景观构成要素研究［J］.生态经济，2016，32（07）：224–227.

［57］过伟敏，郑志权.城市环境——从场所文脉主义角度认识城市环境改造设计［J］.装饰，2003（119）：39–40

［58］齐康主编.城市环境规划设计与方法［M］，北京：中国建筑工业出版社，1997

［59］王建国.现代城市设计理论和方法［M］，南京：东南大学出版社，1999

［60］马庆峰.基于城市空间环境塑造的老建筑再生［D］.合肥：合肥工业大学，2007

［61］石艳.基于案例的校园规划设计对空间认知的影响研究［D］.上海：华东师范大学，2018

［62］邓玉平.基于环境心理学的城市公园植物景观设计［D］.重庆：西南大学，2011

［63］谭明洋.从环境心理学论当代居住区环境设计［D］.西安：西安美术学院，2013